VOYAGE

DANS

L'AMÉRIQUE MÉRIDIONALE

(LE BRÉSIL, LA RÉPUBLIQUE ORIENTALE DE L'URUGUAY, LA RÉPUBLIQUE ARGENTINE, LA PATAGONIE, LA RÉPUBLIQUE DU CHILI, LA RÉPUBLIQUE DE BOLIVIA, LA RÉPUBLIQUE DU PÉROU),

EXÉCUTÉ PENDANT LES ANNÉES 1826, 1827, 1828, 1829, 1830, 1831, 1832 ET 1833,

PAR

ALCIDE D'ORBIGNY,

CHEVALIER DE L'ORDRE ROYAL DE LA LÉGION D'HONNEUR, OFFICIER DE LA LÉGION D'HONNEUR DE LA RÉPUBLIQUE BOLIVIENNE, PRÉSIDENT DE LA SOCIÉTÉ GÉOLOGIQUE DE FRANCE ET MEMBRE DE PLUSIEURS ACADÉMIES ET SOCIÉTÉS SAVANTES NATIONALES ET ÉTRANGÈRES.

Ouvrage dédié au Roi,

et publié sous les auspices de M. le Ministre de l'Instruction publique

(commencé sous le ministère de M. Guizot).

TOME SEPTIÈME.

1.re ET 2.e PARTIES : CRYPTOGAMIE.

PARIS,

CHEZ P. BERTRAND, ÉDITEUR,

Libraire de la Société géologique de France,

RUE SAINT-ANDRÉ-DES-ARCS, 38.

STRASBOURG,

CHEZ V.e LEVRAULT, RUE DES JUIFS, 33.

1839.

SERTUM PATAGONICUM.

CRYPTOGAMES DE LA PATAGONIE.

DÉCRITES

PAR CAMILLE MONTAGNE,

DOCTEUR EN MÉDECINE, CHEVALIER DE L'ORDRE ROYAL DE LA LÉGION D'HONNEUR, MEMBRE DE LA SOCIÉTÉ PHILOMATIQUE DE PARIS, DE L'ACADÉMIE IMPÉRIALE DES CURIEUX DE LA NATURE, MEMBRE HONORAIRE DE L'INSTITUT ROYAL D'ENCOURAGEMENT AUX SCIENCES NATURELLES DE NAPLES, CORRESPONDANT DE L'ACADÉMIE ROYALE DES SCIENCES ET DE L'ACADÉMIE PONTANIENNE DE LA MÊME VILLE, DE L'ACADÉMIE ROYALE DES SCIENCES DE TURIN, DE CELLE DES SCIENCES NATURELLES DE MADRID, DE LA SOCIÉTÉ DE PHYSIQUE ET D'HISTOIRE NATURELLE DE GENÈVE, DE L'ACADÉMIE DES GEORGOPHILES DE FLORENCE, DES SOCIÉTÉS LINNÉENNES DE PARIS, LYON, BORDEAUX, ETC.

1839.

VOYAGE

DANS

L'AMÉRIQUE MÉRIDIONALE.

BOTANIQUE.

INTRODUCTION.

Les collections botaniques recueillies par M. d'Orbigny pendant son long voyage, appartiennent à deux régions si différentes, qu'il a paru préférable d'en faire le sujet de deux flores locales plutôt que de confondre les espèces provenant de ces deux régions dans une seule et même série scientifique. En effet, les plantes de l'Amérique australe, depuis Montevideo et les environs de Buenos-Ayres jusqu'au centre de la Patagonie, sur les bords du Rio negro, croissant sous l'influence d'un climat tempéré, n'ont rien de commun avec celles des environs de Corrientes et des bords du Parana, tandis que ces dernières ont la plus grande analogie avec les plantes tropicales du Brésil et avec celles des provinces basses et méridionales de la Bolivia parcourues par M. d'Orbigny; nous avons donc cru devoir partager la publication des plantes de ce voyage en deux parties distinctes : l'une, sous le nom de *Sertum Patagonicum*, comprendra les plantes des bords du Rio negro en Patagonie, auxquelles nous rattachons celles des environs de Buenos-Ayres et de Montevideo; l'autre, sous le titre de *Floræ Boliviensis stirpes novæ vel minus cognitæ*, se composera des plantes de la Bolivia, soit des parties basses et à végétation réellement tropicale, soit des parties élevées des Andes, que l'on ne peut séparer des précédentes, malgré la grande différence de leur végétation, à cause des passages successifs d'une de ces régions à l'autre, et de l'impossibilité d'établir une ligne de démarcation précise; à cette flore tropicale nous joindrons les plantes des bords du Parana, près de Corrientes, qui, malgré leur origine extra-tropicale, participent aux caractères de la végétation des parties basses de la Bolivia, et même quelques plantes nouvelles des environs de Rio Janeiro, recueillies par M. d'Orbigny pendant son séjour dans cette ville.

Enfin, une troisième partie comprendra l'histoire des Palmiers, que notre voyageur a observés dans les divers lieux qu'il a visités et dont il a rapporté des dessins faits sur le vivant, dessins qui, joints aux notes prises sur les lieux et aux échantillons qu'il a pu conserver, nous permettront de jeter quelque lumière sur les espèces de cette partie de l'Amérique.

Le désir de rendre cette publication plus parfaite et plus prompte, m'a engagé à prier quelques botanistes bien connus par leurs travaux à partager avec moi la charge que M. d'Orbigny m'avait confiée; c'est dans ce but que M. Montagne a bien voulu rédiger toute la partie relative aux Cryptogames celluleuses, et M. Decaisnes les Dicotylédones monopétales, et particulièrement la famille des Composées, si nombreuse dans cette collection. Je me ferai également un plaisir de profiter, pour quelques autres familles, des lumières des botanistes qui en auraient fait une étude spéciale, et leur nom cité en tête du genre ou de la famille qu'ils auront traités, indiquera la part de collaboration qu'ils auront eue dans cet ouvrage.

AD. BRONGNIART.

BOTANIQUE.

PREMIÈRE PARTIE.

SERTUM PATAGONICUM.

ALGÆ[1], Roth.

Algæ.

NOSTOC MICROTIS, Montag.

N. fronde minuta, cochleata seu difformi, margine acuto sinuata, solitaria, cœrulea pellucida; filis internis simplicibus, curvato-flexuosis, moniliformibus.

Hab. Faciei pronæ inter radices *Ricciæ? nigrescentis* adhærescentem et inter muscos subjacentes, ad saxa inundata secus flumen *Rio negro* dictum hanc speciem fere microscopicam legit Martio 1829 cl. d'Orbigny.

Frons minutissima, membranacea, vix capitem aciculæ adæquans, orbicularis vel oblonga hinc concava, margine acuto, sinuato, basi oblique faciei pronæ *Ricciæ? nigrescentis* adhærens, amœne cærulescens pellucida. *Fila* lenti maxime augenti subjecta moniliformia, simplicia, curvata, flexuosa, intricata. *Articuli* diametro æquales, ultimi reliquis majores. *Color* pulcherrime cæruleus. *Substantia* gelatinosa, parca. Chartæ et vitro arcte adhæret.

Obs. J'ai trouvé ce Nostoc en étudiant la Ricciée, sous les frondes de laquelle il paraît exclusivement habiter. Il est si petit qu'en me servant du microscope simple je n'ai pu le distinguer qu'avec la lentille d'une ligne de foyer, et que je n'ai vu ses filamens moniliformes qu'avec celle d'une demi-ligne. J'ai long-temps hésité, vu le petit nombre d'individus observés, à en faire une espèce nouvelle. Je voulais le rapporter au *N. cæruleum*, Lyngb.; mais sa fronde est conchiforme, assez semblable en petit à l'*Exidia auricula*, Fr., d'où le nom de *Microtis* que je lui ai imposé, tandis que celle du Nostoc de Lyngbye est globuleuse. Les caractères qui lui sont propres et que j'ai indiqués dans la diagnose, ne permettent pas non plus de le réunir au *N. flos aquæ*, qui en diffère également et par sa forme et par son habitat. Cependant c'est de ce dernier qu'il est le plus voisin.

---

1. Cette famille, de même que celles des Champignons, des Hypoxylées, des Lichens, des Hépatiques et des Mousses, a été traitée par M. le docteur Camille Montagne.

CONFERVA ACULEATA, Montag.

Botanique, 1.re partie, pl. IV, fig. 1.

C. cæspite basi stuposo funiformi-ramoso, filis constituto setaceis, siccitate nitentibus, radices implexos duplici origine exortos emittentibus, ramosissimis, ramis vagis, ramulisque strictis ascendentibus subsecundis fasciculatis, supremis aculeiformibus, articulis cylindricis diametro duplo triplove longioribus.

Hab. Ad infimum refluxus limitem in littore sinus S. Blasio dicati, rupibus tenaciter adhærens. Herb. Mus. Par., n.° 111.

Cæspes densus 2-3 poll. longus, a basi stuposa ramosissimus, ramis funiculos breves, pennæ passerinæ crassitiem æquantes, sursum versus incrassatos et in fila numerosissima se dissolventes simulantibus, primo intuitu *C. rupestrem* habitu vel *Sphacelariam scopariam* demto colore refert. *Fila* extricata, capillo humano tenuiora, ex articulorum apice ramos emittunt sæpius alternos, erectos, cylindricos, iterum ramosos, ut et radices seu ramos radiciformes valde inter se et cum filis primariis intricatos. *Rami* vagi, erecti, ramulos e latere interno secundos strictos adscendentes, fastigiatim fasciculatos acutissimos edunt, articulis quorum supremis insident duo terve ramuli monogonii aculeiformes. *Articuli* cylindrici diametro suo duplo, raro triplo longiores, tubulo viridi centrali notati, cæterum ut et supremi pellucidi exsiccatione alternatim contracti. Sunt etiam tubuli interni aliter colorati, id est purpureo vel sanguineo colore tincti, quod autem ope microscopii compositi observandum. *Radices* obscure articulatæ, hyalinæ, vix lineam longæ, originem duplicem ducunt, aliæ enim ex filo primario, aliæ ramosæ ex primo articulo ramorum ortæ descendunt anastomosantes inter se cum filis atque contextæ et cæspitem ramosum totum frondem constituentem efformant. *Color* cæspitis (exsiccati) variegatus pallide viridis, flavescens aut sordide violaceus, nitens. *Substantia* filorum ramorumque membranacea sat tenax, radicum tenerior. *Perennis.* Chartæ vel vitro non aut laxissime adhæret.

Obs. Cette espèce, dont la base de la fronde ou du filament principal rappelle l'organisation de certaines sphacelaires, a quelque analogie par son mode de végétation avec les *Ectocarpus*, et surtout avec l'*E. compactus*, Ag., et par sa ramification ascendante dressée avec le *Trentepohlia pulchella*, quoiqu'elle diffère essentiellement de l'un et de l'autre par tous ses autres caractères. Je ne connais aucune autre Conferve dont l'organisation approche de celle qu'offre notre plante. Avant de la soumettre à l'analyse microscopique, je la regardais comme une forme du *C. rupestris*, L.; mais je ne tardai pas à reconnaître que c'était tout autre chose. Ces rameaux radiciformes qui sortent soit du milieu des articulations du filament principal, soit des rameaux à leur naissance, et s'enchevêtrent ou s'anastomosent ensemble pour former le cordon rameux qui compose toute la fronde, offrent en effet une structure qu'on ne remarque dans nulle autre à ma connaissance. On en trouve bien à la vérité dont les filamens sont étroitement enlacés l'un dans l'autre, mais on n'y voit point ces radicules nombreuses qui caractérisent celle-ci. J'ai pourtant observé, dans un genre différent, il est vrai, sur des échantillons de *Callithamnion versicolor*, Ag., recueillis au port de Cette dans la Méditerranée, une disposition à peu près semblable, c'est-à-dire des espèces de radicules naissant à la base des rameaux principaux, et descendant de là le long de la tige, mais sans se feutrer, comme dans la *Conferve* en question. Vivace et prolifère, je l'ai observée dans ce dernier état. On voit alors un tube hyalin, d'abord simple, puis bifurqué, contenant des granules carrés qui se suivent à la file l'un de l'autre, et se forment sur deux rangées un peu avant la bifurcation; circonstance qui s'est représentée à mon observation dans l'étude de plusieurs Céramiées soit indigènes, soit exotiques. Est-ce dans le cas qui nous occupe la naissance d'un nouvel individu qui se séparera plus tard de la plante-mère pour vivre indépendant, ou bien un simple développement prolifère, analogue à celui qui a lieu dans le *Conferva patens* var. *prolifera* [1], Ag. Syst. Alg., p. 110? Je pencherais assez pour cette dernière opinion, en considérant surtout le mode de végétation particulier à notre plante. Nous reviendrons sur ce sujet lors de la description de quelques Céramiées de la collection de M. d'Orbigny.

Les filamens du *Conferva aculeata* sont, comme nous l'avons dit, très-fins, soyeux et brillans sous un certain jour, surtout vus à la loupe.

La disposition des rameaux et des dernières ramules, la forme aiguë et la brièveté de celles-ci, composées d'un seul article conique très-court, rangées presque du même côté, et naissant aux deux ou trois dernières articulations des rameaux secondaires, impriment à notre espèce un caractère remarquable, d'où j'ai cru devoir tirer son nom spécifique.

M. d'Orbigny n'a rapporté qu'un seul échantillon bien complet de cette curieuse Conferve. [2]

---

1. A l'occasion du *C. patens* Ag., *C. divaricata* Roth, je dirai que je viens d'en étudier chez M. Delessert des échantillons recueillis, par M. Perrotet, dans des eaux dormantes à l'Ile-de-France.

2. Je ne dois pas omettre ici quelques observations qui eussent été à la vérité mieux placées dans un avant-propos, si la forme de cette publication ne s'y était pas opposée. Je préviens donc que toutes les analyses microscopiques des plantes cellulaires ont été d'abord tracées par moi au moyen de la chambre claire de l'excellent microscope achromatique de M. Charles Chevalier, puis vérifiées pour la plupart par M. le professeur Brongniart, sous les yeux duquel les peintures originales ont été ensuite exécutées par un jeune homme doué déjà d'un grand talent, M. Alfred Riocreux. Ce n'est du reste en aucune manière pour me décharger de la responsabilité qui doit nécessairement peser sur moi, que j'invoque à ce sujet un témoignage d'un si grand poids; je désire seulement par là donner à la confiance qu'ont pu déjà me mériter mes faibles travaux, l'appui de celle bien autrement grande qu'inspirent naturellement la rectitude du jugement et l'habitude d'observer bien connues qui distinguent cet habile professeur.

Explication des figures.

Pl. 4, fig. 1. *a.* Plante de grandeur naturelle; *b.* un rameau détaché et plus grand que nature; *c.* plusieurs filamens séparés de la masse et très-grossis, pour montrer comment se feutre la tige principale par l'entrelacement des ramules radiciformes qui naissent à la base de ces filamens; *d.* sommité de deux rameaux encore plus amplifiés, où l'on voit les derniers articles en forme d'aiguillons, qui les garnissent latéralement.

POLYSIPHONIA DENDRITICA, Montag.

Botanique, 1.re partie, pl. IV, fig. 3.

Hutchinsia dendritica, Ag., Syst., p. 156, et *Spec. Alg.*, t. II, p. 104.

P. filis repentibus, compressis, inordinate ramosis, pinnatis, pinnis simplicibus compositisque intermixtis, articulis longitudine maxime variis.

Hab. Ad frondes *Chondriæ pinnatifidæ* in littore patagonico rejectas, adrepentia pauca specimina invenit cl. d'Orbigny, fluminis *Rio negro* dicti ad septentrionem.

Fila uncialia vel etiam minora super frondem *Chondriæ pinnatifidæ* var. *angustæ* Ag., adrepentia et, ut de sua stirpe prædicat cel. Agardh, « picturam dendriticam simulantia », capillaria, compressa, in ramos decumbentes varie divisa, ramis distichis simplicibus compositisque ramulis subulatis, aut interdum, propter brevitatem ramellorum, dentato-pinnatifidis. *Articuli* variæ longitudinis; fili primarii diametro breviores venis duabus obscurioribus percursi, ramellorum sæpius æquales numquam vero duplo longiores vena media notati, tubulis internis utrinque collapsis. Genicula parum arcuata vel recta, opaca. *Fructus*..... *Color* fuscescens, superne dilutior, *Substantia* cartilagineo-membranacea. Chartæ vel vitro adhæret.

Obs. Les échantillons que je viens de caractériser et de décrire, ne m'ayant point offert de fructification, je suis incertain si je dois les rapporter à l'*Hutchinsia pennata* var. *pumila*, ou à l'*H. dendritica* de M. Agardh. Si l'on s'attache aux termes mêmes de la phrase que l'auteur donne de cette dernière espèce, on ne pourra conserver le moindre doute que notre plante ne soit véritablement celle qu'il avait sous les yeux en l'écrivant. D'un autre côté, la longueur des articles qu'il dit être du double et de la moitié de leur largeur, tandis que, dans nos échantillons elle est ou égale, ou de moitié plus petite, nous fait un peu hésiter à reconnaître en eux l'espèce du célèbre algologue suédois. La fructification lèverait toute difficulté, mais elle manque. Seraient-ce donc des individus du *Polysiphonia pennata* qui, nés dans des conditions défavorables, n'auraient pu acquérir leur forme et leur dimension normales? Mais M. Agardh dit de la variété *pumila* de cette espèce, qu'elle a des filamens principaux fasciés, des rameaux et des ramules à articles carrés, ou de moitié plus courts que le diamètre; que la fronde est plusieurs fois pinnée à pinnules en corymbe, etc., caractères tout à fait étrangers à notre plante.

De même que le *Callithamnion repens*, le *Polysiphonia dendritica* rampe sur les autres fucus, où il s'attache par des espèces d'épatemens pédicellés qui naissent du filament principal, du côté opposé aux rameaux, épatemens entre lesquels on observe encore d'autres rameaux spinuliformes.

Cette Céramiée appartient à une tribu des Polysiphonies qui compte déjà trois espèces, que l'on dit très-différentes l'une de l'autre par la forme et la position de leur capsule, mais qui paraissent tellement voisines qu'il y aurait peut-être peu d'inconvénient à les réunir. Cependant, jusqu'à ce que leur histoire soit comparativement et plus philosophiquement étudiée, il sera bon, leur port et leur mode de végétation étant différens, de les tenir séparés; car, à mon avis, ce serait préjudicier à la science, que de confondre des formes réellement distinctes, avant de s'être assuré si ces formes tiennent à des influences dépendantes du climat, ou a des *habitat* différens. Ces réflexions me sont suggérées par la nécessité où je vais me trouver d'en ajouter bientôt une quatrième espèce, découverte par notre voyageur, et dont le port dendroïde des plus élégant ne permet pas qu'on la confonde avec ses voisines.

Explication des figures.

Pl. 4, fig. 3. *a*. Polysiphonie de grandeur naturelle; *b*. la même grossie; *c*. un rameau encore plus grossi.

SPHACELARIA CALLITRICHA, Ag.

Botanique, 1.re partie, pl. IV, fig. 2.*

S. stupa radicali, ramis decomposito-pinnatis, pinnis pinnulisque oppositis patentibus. Ag., *Sp. Alg.*, tom. II, p. 23; *Ic. alg. europ. fasc.* 1, t. VI.

Hab. Ad insulas Maluinas a Gaudichaudio lecta, et in littore patagonico cum aliis algis rejecta a cl. d'Orbigny posterius inventa.

Radix stuposa, filamentis capillaceis pluries dichotomis articulatis apice obtusis sibimet filoque primario implexis constans, discumque quadrilineari-unciali diametro efformans, ex quo cauliculi plures cylindrici villosi brevi interjecto spatio ramificantes exsurgunt. *Frondes* bipollicares digitales et ultra ramosissimæ, ramis distichis decomposito-tripinnatis. *Pinnæ* ad quodque geniculum oppositæ, approximatæ, parallelæ patentes, pinnis minoribus obsessæ eodem modo dispositis, quæ ultimæ pinnulas tertii ordinis breves subulatas, obtusiusculas tamen ferunt. Pinnæ primariæ et secundariæ longo intervallo sursum denudatæ. *Articuli* filorum majorum pinnarumque diametro sesquiduplo longiores, nullis striis percursi, ad apicem macula semiorbiculari sæpius notati, ex geniculis contractis elliptici, pinnularum autem diametro subæquales ovati, sursum truncati. *Rami fructiferi* sphacellis vix incrassatis clavatisque materia sporacea obscure viridi refertis terminati. *Substantia* membranacea. *Color* dilute et pulchre viridis, aëri expositæ pallidus, in quibusdam speciminibus Gaudichaudianis roseus. Chartæ non vel apicibus pinnularum tantum adhæret.

Obs. L'échantillon que j'ai décrit et fait figurer, appartient à la collection du Muséum

* Quand j'ai fait graver la planche, j'ignorais encore que cette espèce eût été figurée.

Algæ. d'Histoire naturelle de Paris. Il a été trouvé aux îles Malouines par mon savant et infatigable ami Gaudichaud, dans son voyage de circumnavigation sur la frégate l'Uranie, commandée par M. de Freycinet. C'est sur des échantillons adressés en Suède par le même voyageur, que M. Agardh a établi cette nouvelle et excellente espèce. Le hasard m'ayant fait rencontrer, en étudiant la Céramiée qui précède, une pinnule longue au plus de trois lignes, que son organisation me montra appartenir au genre Sphacelaire, je la soumis au microscope, et y reconnus tous les caractères diagnostiques de l'espèce décrite par le savant suédois. Ma détermination était d'ailleurs corroborée par la localité. En comparant ma plante avec celle de M. Gaudichaud, déposée au Muséum, j'acquis bientôt la conviction qu'elles étaient identiques, comme chacun pourra s'en assurer en jetant les yeux sur la figure que j'en ai donnée.

Il me reste encore quelques doutes sur la couleur de cette algue à l'état frais. La plupart des échantillons soumis à mon examen sont véritablement d'une couleur verte très-tendre, qui pâlit à l'air et devient même à la fin d'un jaune ocracé sale, comme on peut le voir dans celui que nous avons fait peindre. Mais j'en ai vu dans la collection de M. le baron B. Delessert, qui a daigné même, avec sa générosité ordinaire, m'en gratifier de quelques-uns, d'autres échantillons d'un rose purpurin très-prononcé. En les regardant à la loupe, on remarque que ce sont surtout les dernières pinnules qui offrent cette coloration, du reste anormale dans le genre en question. Une macule rouge s'observe aussi au sommet des articles des rameaux et du filament principal. A quoi est due une semblable coloration? C'est une question à laquelle je ne me charge point de répondre.

Explication des figures.

Pl. 4, fig. 2. *a.* Plante entière et de grandeur naturelle; *b.* la pinnule rapportée par M. d'Orbigny, grossie; *c.* portion d'une pinnule extrêmement amplifiée, pour montrer la forme des articles.

CODIUM DECUMBENS? Mart.

Botanique, 1.re partie, pl. III, fig. 2.

C. decumbens (Mart., *Fl. Bras.*, I, p. 19), *fronde lineari dichotoma tereti, apicibus simplicibus acutis.*

C. fronde irregulariter dichotomo-ramosa, segmentis divaricatis, aliis elongatis, aliis brevissimis, cylindricis; coniocystis oblongis. (Nob.)

Hab. in iisdem locis ac *Conferva aculeata*, Herb. Mus. Par., n.° 109.

Radix scutata. *Frons* sesquipedalis teres pennæ anserinæ crassitiem adæquans superansve, irregulariter dichotoma, subfasciculatim ramosa, segmentorum aliis longis sursum aut æqualibus, aut rarius attenuatis, aliis brevissimis divaricatis vel ad angulum rectum deflectentibus, obtusis. *Coniocystæ* (sporangia Martius) oblongæ nec clavatæ nec apiculatæ, 2-3 fibras e basi emittentes, directione varias sed sæpius divaricatas, quibus contextis frons oritur. *Color* viridis, exsiccatione obscurior. *Substantia* frondis spongiosa, sporangiorum membranacea.

Obs. Cette plante, que je rapporte avec doute, et seulement d'après la description, au *Codium decumbens* publié par M. Martius dans sa Flore du Brésil, n'est peut-être qu'une des mille variations du *C. tomentosum*. La ramification des deux seuls individus recueillis par notre voyageur, les éloigne pourtant de l'espèce commune, et paraît identique avec celle que le célèbre professeur de Munich décrit comme propre à son espèce. Ainsi cette ramification est fort irrégulièrement dichotome; des rameaux, les uns sont tellement allongés qu'ils atteignent jusqu'à un pied sans bifurcation; les autres, très-courts, naissent sans ordre à des distances assez grandes sur les côtés des premiers; quelques-uns, enfin, sont si rapprochés qu'ils semblent fasciculés. Dans notre plante, les coniocystes sont oblongs, comme M. Martius le dit de la sienne, et dépourvus des filamens hyalins qui terminent ces organes à l'état frais dans le *C. tomentosum*. La base de ces sporanges donne naissance à deux ou trois filamens conservoïdes, plus ou moins divariqués, et qui même quelquefois en sortent à angle droit, ce qui est le cas le plus rare. On peut, avec le savant que nous venons de citer, considérer les coniocystes comme des rameaux dilatés en cœcum, dans lesquels les spores, sous la forme d'une poussière verte, qui enduit leur paroi ou nage dans le liquide qu'ils contiennent, viennent recevoir l'influence vivifiante de la lumière.

Il existe entre ce genre et les Vauchéries une analogie frappante, qui ne pouvait échapper à l'auteur du *Species Algarum*. On peut, en effet, regarder un *Codium* comme une association, sous une forme déterminée, d'un grand nombre d'individus semblables à des filamens de Vauchéries. L'analogie est encore plus grande, quand on compare entre elles les fructifications, qui, dans l'un comme dans l'autre genre, consistent en des capsules de forme variable, sessiles ou pédonculées. Ces capsules manquent dans nos échantillons et paraissent très-rares. Je ne les ai jamais observées, et M. Agardh lui-même n'en fait nulle mention dans son *Species*, où il donne le nom de *coniocystes* aux tubes en cœcum. Mais MM. Turner et Gréville les ont découvertes sur les parois et près de l'extrémité des tubes, que celui-ci nomme *tub club-shaped*, c'est-à-dire tubes en massues, et les ont fidèlement représentées dans leurs beaux ouvrages sur la famille des Algues. Ces capsules, auxquelles le nom de sporanges ou coniocystes conviendrait mieux qu'aux tubes en cœcum, sont ovoïdes, pédonculées, assez semblables pour la forme au fruit du *Capsicum annuum*, et remplies de ces granules verts ou corps reproducteurs qui nagent dans le liquide des tubes ou filamens, dont l'agglomération constitue la fronde.

Si l'on parvient à découvrir un jour, dans les espèces encore douteuses, des capsules ou coniocystes dont la forme et la position, invariables pour chacune, offrent pourtant des différences de l'une à l'autre, nul doute que ces différences ne soient de bons caractères pour les distinguer, meilleurs du moins que ceux sur lesquels on s'est appuyé jusqu'ici.

Il est à regretter que M. Martius, qui nous a donné des figures si exactes de ses autres espèces cryptogames du Brésil, n'ait pas fait représenter son *Codium decumbens*. L'imperfection de nos échantillons est cause que nous nous bornons à faire figurer un des tubes en cœcum qui composent la fronde, ainsi qu'on le voit dans la figure 2 de la troisième planche.

Algæ.

La structure de ce genre, et ses analogies dans la famille, ont été parfaitement exposées par mon ami M. Bory de Saint-Vincent, dans l'Hydrophytologie de la Coquille.

ENTEROMORPHA COMPRESSA, Lk.

Ulva, L.; *Eng. Bot.*, t. 1739; *Scytosiphon*, Lyngb.; *Solenia*, Ag., *Syst. alg.*, p. 186; *Hydrosolen*, Mart., *Fl. Bras.*, 1, p. 10; *Enteromorpha compressa*, Grev., *Alg. Brit.*, p. 180, t. 18.

Hab. In aquis subsalsis Patagoniæ, juxta littora sinus S. Blasio dicati. Herb. Mus. Par. sub n.° 113.

ULVA LACTUCA, L.

U. fronde viridi membranacea vel gelatinoso-membranacea obovata undulata laciniato-crispa demum oblonga, vel orbiculari latissima. Mart., *loc. cit.*, p. 20.

Hab. in iisdem locis ac præcedens.

Obs. Je partage l'opinion du célèbre Martius, qui affirme que l'*Ulva latissima* des auteurs n'est autre chose que l'état adulte de celle-là, et qui en a conséquemment modifié la diagnose. On trouve, en effet, tous les états intermédiaires de forme, de grandeur, de couleur, de consistance même, entre ces prétendues espèces, au moyen de quoi la distinction en devient tout à fait impossible. J'admettrais volontiers, comme de simples variétés, quelques formes qui semblent assez constantes pour mériter d'être mentionnées.

Les échantillons recueillis en Patagonie ne diffèrent pas de ceux du type, qui garnissent les rochers de nos côtes.

CHONDRIA PINNATIFIDA, Ag.

C. pinnatifida, var. *angusta?* Ag., *Spec.*, I, p. 339; *Laurencia Chauvini*, Bory, mss., *in Herb. Mérat (nunc Maille)*.

C. fronde gracili, irregulariter pluries pinnata, pinnis alternis longis laxisque, pinnulis cylindraceis brevibus confertiusculis. Nob.

Radix repens intricata. *Frondes* plurimæ aggregatæ, cylindricæ, fili sutorii crassitiem vix adæquantes, spithameæ, a medio ad apicem vario modo bi-tripinnatæ, pinnis pinnulisque alternis obtusis patentibus, inferioribus longioribus, supremis sensim brevioribus, quo fit circumscriptio totius frondis lanceolata. *Fructus* in meis spec. desunt. *Color* plantæ marcescentis pallescens. *Substantia* cartilaginea, *exsiccatæ* tenuis membranacea, *madefactæ* ob collapsam frondem rugosa.

Obs. Cette variété notable a les plus grands rapports avec le *Chondria obtusa*, Ag., dont il est impossible de la distinguer autrement que par la position alterne et non opposée de ses rameaux et de ses ramules. Il existe, en effet, une infinité de formes entre la variété *Osmunda* de cette plante, variété reconnaissable à sa fronde principale large et plane, et celle qui nous occupe, dont la fronde est cylindrique un peu comprimée, à peine de la grosseur d'une ficelle. C'est sur la partie rampante de ses frondes que j'ai observé cette Polysiphonie parasite et rampante elle-même, que M. Agardh a désignée le premier, et que j'ai décrite et figurée plus haut sous le nom de *P. dendritica*. C'est encore au milieu des pelotons informes de cette algue rejetée sur le rivage, qu'en la préparant pour l'étudier, j'ai découvert la pinnule qui m'a servi à constater dans ces parages la présence d'une des plus jolies espèces du genre Sphacelaire, et à en donner une figure analytique que la science réclamait.

HALYMENIA PALMATA, Ag.

Fucus palmatus, Linn., Turn., Hist., t. 115; *Ulva*, DC.: *Delesseria*, Lamx. *Rhodomenia*, Grev., *Alg. Brit.*, p. 93.

Hab. In littore patagonico inter rejectamenta Oceani lecta et sub n.° 112 in H. M. P. asservata.

ZONARIA DICHOTOMA, Ag.

Ulva dichotoma, Huds., E. B., t. 774; Mart., *Fl. Bras.*, I, p. 22; *Dictyota*, Lamx., Grev., *loc. cit.*, p. 57, t. 10 (*eximie analytica*).

Hab. Inter rejectamenta maris littus patagonicum alluentis, in sinu San-Blas dicto.

LAMINARIA CÆPÆSTIPES, Montag.

Botanique, 1.re partie, pl. II.

L. radice bulbosa, stipite terete in laminam cuneato-oblongam crassam laciniato-multifidam expanso.

An *Durvillæa utilis*, Bory, junior?

Hab. Specimem perfectum in rupibus insularum maclovianorum lectum communicavit optimus Gaudichaud; lacinias ejusdem in littore patagonico cl. d'Orbigny, in littore autem chilensi (ad Valparaiso) beatus Bertero legerunt.

Radix bulbosa inæqualiter hemisphærica, basi hinc excisa, diametro bipollicari, subtus nuda. *Stipes* teres palmaris, exsiccatus digitum minimum adæquans. *Lamina* bipedalis et ultra, 4-5 pollices lata, plana, basi cuneata sensimque dilatata, in segmentis ensiformibus inæqualibus rursum divisis profunde et irregulariter fissa, laciniis ultimis longis perangustis. *Fructus*.... *Color* olivaceo-fuscus, laciniarum luci obversarum ruber, *exsiccatæ* nigricans opacus. *Substantia* stipitis lignosa, laminæ ad basin rigida, cæterum coriacea, in sicco fragilis.

Obs. On ne peut confondre cette Laminaire remarquable avec aucune de celles de la section des Cépoïdes, établie par M. Bory dans le Dictionnaire classique d'histoire naturelle (tome IX, p. 190), et comprenant toutes les espèces à épatement bulbiforme. Elle diffère en effet du *L. bulbosa*, Lamx., par son bulbe solide et son stipe cylindrique; et du *L. Belvisii*, Ag., par sa lame qui, au lieu d'être, comme dans l'espèce d'Oware, membraneuse, entière, transparente et verdâtre, est au contraire épaisse, coriace, opaque, multifide et d'un rouge noirâtre.

Algæ.

C'est l'échantillon complet, rapporté par M. Gaudichaud, que j'ai fait figurer dans la planche deuxième.

MACROCYSTIS ORBIGNIANA, Montag.

Botanique, 1.re partie, pl. I, et pl. III, fig. 1.

M. caule tereti, foliis lanceolatis undato-rugosis margine dentato-ciliatis, vesiculis fusiformibus elongatis.

Hab. In oris Patagoniæ specimina rejecta legit cl. d'Orbigny.

Radix...... Caulis longissimus, in speciminibus nostris haud dubie incompletis 3-5 pedalis, dichotomus, teres, pennæ anserinæ crassitudinem parum excedens, in sicco subcompressus; hinc inde folia emittens lanceolata pedem et ultra longa, 1-2 pollices larga, undato-rugosa seu longitudinaliter flexuoso-plicata margine dentato-ciliata, ciliis duas lineas metientibus, petiolataque, petiolis sinu obtuso adscendentibus in vesiculam palmarem longioremque fusiformem inflatis. *Structura.* Caulis e quatuor stratis cellularum constans concentricis hoc modo dispositis: *Stratum interius* seu centrale quidem constitutum est fibris vel cellulis elongatis cylindricis arcte adglutinatis et ob pulvisculum olivaceo-fuscum tenuissimumque inter easdem depositum (an intus contentum?) magis ac sequens coloratum. *Stratum medium* vero cellulis laxioribus pellucidis oblongo-polyedris constructum est. *Stratum exterius* tandem, seu cortex, epidermide vestitum, et ipsum duplex est, constans 1.° ex cellulis obsolete polyedris lacunisque regularibus intermixtis, sectione transversali tantum obviis, ellipticis, humorem viscosum præcipue exsudantibus eoque repletis; 2.° ex granulis olivaceis a cellulis periphæricis exortis, concatenatim moniliformiterque inter illas substantiæ caulis penetrantibus. Folia e duabus lamellis constituta, maceratione facile separabilibus, granulisque cubicis tenuissimis in lineis symmetricis parallelis aut flexuosis sub epidermide lente valde augenti conspicuis. *Fructus*...... *Color* caulis olivaceus, *exsiccatæ* nigrescens; in vesiculis et foliis brunneo-fulvus, ad littora rejectæ diu soli aerique expositæ lutescens.

Obs. La fructification des Macrocystes, observée par Turner sur le *M. comosa*, consisterait, d'après la figure qu'il en a donnée, en des tubercules épars sur les frondes, immergés dans la propre substance de celles-ci, percés au sommet d'un pore imperceptible, et contenant un amas de séminules innombrables, mélangées avec des granules oblongs. Ce sont là les fruits que M. Agardh, dans son *Species*, regarde comme propres au genre en question. Dans son *Synopsis generum Algarum*, qui précède l'ouvrage intitulé: *Algæ britannicæ*, M. Greville n'en parle d'aucune manière. Mais notre savant compatriote, M. Bory de Saint-Vincent, dans sa magnifique Hydrophytologie de la Coquille, nie formellement que telle soit la fructification des Macrocystes, dont il assure avoir examiné beaucoup d'espèces sans la retrouver. Je n'ai moi-même rien trouvé qui y ressemblât dans les divers échantillons de l'espèce que je viens de décrire; cependant je dois dire qu'en étudiant les autres espèces de ce genre que je possède en herbier, et notamment un *M. pyrifera*, reçu de M. Gaudichaud, j'ai remarqué sur les feuilles des tubercules tout à fait semblables à ceux mentionnés par Turner, c'est-à-dire ayant la forme de papules, percés d'un pore par où ils laissaient échapper de leur cavité, quand on les comprimait à la base, une sorte de pulpe blanchâtre, entièrement composée de granules infiniment petits et nombreux, empâtés dans une mucosité. Ces papules ressemblent aussi beaucoup à celles que M. Bory a si bien figurées comme les réceptacles du fruit de son *Lessonia quercifolia*[1]. Je ne prétends pas que ce soit là le mode de fructification des Macrocystes; j'ai tout au contraire des raisons de supposer qu'il doit être autre que celui qu'ont indiqué MM. Turner et Agardh.

Et d'abord le *M. comosa*, dont on croit avoir découvert les moyens de reproduction, est probablement un *Sargassum*, au moins si l'on en juge par le *facies* et l'organisation; ainsi il est également probable que les tubercules, qu'on a pris pour des réceptacles, ne sont que les pores ou les papilles dont les feuilles de la plupart des espèces de ce dernier genre sont garnies sur l'une et l'autre de leurs faces. La fructification des Macrocystes est donc encore inconnue. Serait-ce pécher contre l'analogie, que de supposer que, si on les trouve un jour, ces fruits ne s'éloigneront pas de ceux des Sargasses? Ce qui me porte à faire cette supposition, c'est la ressemblance frappante que j'observe entre les feuilles des Macrocystes et celles d'une bien belle Algue, dont, avant d'en avoir vu les réceptacles, M. Ach. Richard avait fait son genre *Marginaria*[2], lequel se composait de deux espèces qu'il a reportées dans le genre *Sargassum*, depuis qu'il a trouvé les fructifications de ces magnifiques plantes. Avant la découverte du fruit, ce genre ne différait réellement des Macrocystes que par la position des vésicules sur le bord des frondes. Du reste, la forme, la couleur et les ondulations de la surface des feuilles étaient absolument les mêmes; tout concourt donc à nous faire penser qu'un jour, les réceptacles des Macrocystes étant connus, nous serons peut-être forcés de les réunir aux Sargasses[3]. Pour le moment, cette réunion n'est pas possible; quant à la valeur des espèces établies jusqu'à ce jour, je suis d'avis que, tant que nous n'aurons à décrire que des fragmens de quelques pieds de plantes qui en atteignent, dit-on, plus de cent, nous ne pourrons être bien certains que nous avons affaire à des individus différens, le même pouvant varier considérablement dans ses formes depuis son point d'attache jusques à son sommet. Ce n'est pourtant point une raison pour négliger de noter toutes celles qui s'offrent à notre examen, laissant à nos successeurs, plus favorisés par les circonstances, le soin de redresser les erreurs inévitables que l'état de la science nous force à commettre dans son intérêt.

Notre *Macrocystis Orbigniana* a les plus grands rapports avec le *M. latifrons* Bory, et les différences sont plus susceptibles d'être appréciées par l'inspection des deux plantes,

1. Voyez Hydrophytologie de la Coquille, pl. IV, fig. *D*.

2. Voyage de l'Astrolabe, p. 10, tab. 3 et 4.

3. Depuis que ceci est écrit, M. Agardh fils, en ce moment à Paris, m'a appris que son père avait découvert, dans les feuilles radicales des Macrocystes, la fructification jusqu'ici inconnue de ce genre remarquable, et qu'elle était analogue à celle des Laminaires. Cette découverte fait le sujet d'un mémoire qui, au dire du même savant, doit incessamment paraître dans les Actes de l'Académie des Curieux de la Nature.

que faciles à exprimer par le langage. Cependant les principaux caractères qui distinguent notre Algue, sont : 1.° des feuilles longuement lancéolées, et non largement ovales à la base; 2.° des vésicules très-longues et fusiformes.

Voici la manière dont se fait l'allongement des tiges : la feuille terminale, qui n'offre point de renflement petiolaire, se fend vers sa base en plusieurs lanières cylindriques, destinées à devenir les pétioles des feuilles qui résulteront des progrès de la scissure; ces feuilles nouvelles n'ont pas ordinairement leur pétiole vésiculeux tant qu'elles tiennent encore par le sommet à la feuille mère. J'ai pourtant observé que les vésicules commencent quelquefois à se développer avant la séparation complète; ce singulier mode d'accroissement, commun aussi aux Lessonies, a déjà été fidèlement représenté dans l'Hydrophytologie de la Coquille.

Quant à la distribution géographique des Macrocystes, comme elle a été aussi très-bien exposée dans l'ouvrage que je viens de citer, je ne m'en occuperai point ici.

Explication des figures.

Pl. I. *Macrocystis Orbigniana.* Portion de la tige munie de ses feuilles, et représentée de grandeur naturelle. La couleur brun-fauve a été altérée par une longue exposition à l'action des rayons solaires sur la plage où la plante a été trouvée.

Pl. III, fig. 1. *a*, portion de cette tige coupée transversalement, plus grande que nature; *b*, partie de la section *a*, grossie 180 fois, où l'on voit les différentes formes qu'affectent les cellules qui entrent dans la composition de la tige; *c*, lacunes; *d*, coupe mince longitudinale de cette même tige, où l'on voit les cellules sous des aspects différens, selon qu'elles avoisinent l'écorce ou le centre; ces dernières sont tubuleuses, cylindriques, et couvertes ou remplies? d'un grand nombre de granules. On n'aperçoit pas les lacunes dans cette section.

FUNGI, L. Juss., Fr.

GEASTER HYGROMETRICUS, Fr.

Geastrum hygrometricum, Pers., *Syn.*, p. 135, *excl. var.*; *Lycoperdon stellatum*, Bull., t. 238, fig. *A*, *B*, *C*, *D*.

Hab. Ad littora patagonica sinus Sancti Blasii dicti, in arena mobili specimen unicum et mancum legit cl. d'Orbigny.

LICHENES, Juss.

PARMELIA ERYTHROCARPIA, Wall., Fr., *Lich. Eur.*

Lecanora teicholyta, Ach., *Syn.*, p. 188; *Placodium versicolor* et *teicholytum*, DC., Fl. fr., 2, p. 380, et 6, p. 185.

Hab. Ad saxa arenaria Patagoniæ, *Lecideæ contiguæ* confinis. Collect. géol. Mus. Paris. n.° 154 bis (3. L.).

OBS. L'échantillon que j'ai sous les yeux est parfaitement identique avec ceux de ma collection que j'ai recueillis à Lyon, sur le crépi des vieux murs, à Perpignan, sur les briques du parapet des remparts, et spécialement avec d'autres qui m'ont été envoyés d'Essling par M. le professeur Hochstetter.

PARMELIA AURANTIACA *b*, Fr., *loc. cit.*

Verrucaria flavovirescens, Hoffm., *Pl. lich.*, t. 29, fig. 1; *Lecanora erythrella*, Ach., *Syn.*, p. 175.

Hab. Ad eadem saxa ac præcedens et sequens.

OBS. Ce Lichen n'offre aucune croûte dans notre échantillon. Les apothécies naissent de l'hypothalle, qui est noir, seul signe susceptible, dans cet état anormal, de le faire distinguer du *P. vitellina*, Fr., dont l'hypothalle est blanc.

LECIDEA CONTIGUA, Fr., *loc. cit.*

Lecidea albo-cœrulescens, Ach., *p. max. parte; L. petræa, auct. ex parte; L. contigua a!* Fr., *loc. cit.*, p. 298.

OBS. Rien ne peut nous faire distinguer les échantillons de la Patagonie de ceux d'Europe que nous avons en herbier.

J'ai encore trouvé sur les mêmes pierres arénacées une Verrucaire que je serais porté à rapporter au *V. nigrescens*, Ach., si son état de vétusté ne me laissait des doutes sur sa détermination.

HEPATICÆ, Juss.

RICCIA? NIGRESCENS[1], Montag.

R. frondibus imbricatis e centro radiantibus nigro-viridibus dichotomis, laciniis expansis obovatis, margine sinuato undulato crispo adscendenti; sporangiis? in pagina inferiore elliptico-prominentibus.

Hab. Ad terram in ripis fluminis *Rio negro*. Herb. Mus. Par., n.° 105.

Frondes cæspitosæ imbricatæ vel sibimet incumbentes, orbem amplum radiosum triuncialem supra terram muscosve inundatos efformantes, unciam longæ, 4-6 lineas latæ, obovatæ seu a basi angustiore sensim sese expandentes, madefactæ et luci obversæ obscure virides, planæ, tenuissime punctulatæ, siccitate autem nigrescentes, marginibus sinuatis undulatis crispis adscendentibus canaliculatæ, membranis binis facile separabilibus constantes cellulosis, cellulis subhexagonis granula viridia irregularia sæpius oblonga chlorophylli includentibus, radicibus tenuissimis numerosissimisque facie supina muscis adhærentes. Fructus immaturi (Sporangia) in pagina inferiore tantum obvii, frondi intumescenti immersi, ut processus elliptici subfusci apparent. Hi processi autem

1. Cette espèce appartiendrait à la section des *Ricciellæ*, Al. Braun; Bischoff, *Bemerkungen über die Lebermoose, u. s. w.*, p. 132.

Hepaticæ scalpello transversim in duas partes divisi et microscopio composito subjecti, massam cellulosam adhuc carnosam et epigonio suo vestitam granulis viridibus aut fuscis subglobosis et ad speciem tuberculatis repletam oculis præbuerunt. Num sporæ immaturæ, an acervuli sint granulorum chlorophylli quibus cellulæ frondis repletæ sunt, non satis mihi constat.

Obs. Cette espèce d'Hépatique a le port d'une Marchantiée, et l'épithète de *marchantioides* lui aurait tout aussi bien convenu que celle par laquelle je l'ai désignée. En la soumettant à un examen rigoureux, j'ai trouvé des frondes minces, flasques, étalées par l'humidité, redressées et crispées sur les bords par la sécheresse, couvertes dans le tiers moyen de leur face inférieure de radicules très-menues, par lesquelles elles se fixent sur les Mousses et la terre limoneuse, nues sur les bords de cette même face où se rencontrent surtout les saillies formées par ce que je crois être les fructifications, si toutefois cette plante incomplète peut être rapportée aux *Riccies*. La face supérieure, d'un vert bouteille, passant au noir par la dessiccation, est toute parsemée de petits points visibles même à la loupe, et qui ne sont que des grains de chlorophylle contenus dans les cellules de la plante; chaque cellule n'en contient qu'un le plus ordinairement. L'organisation de ces frondes a quelque ressemblance avec celle des frondes des *Anthoceros*. C'est sur la surface adhérente de cette plante que j'ai trouvé mon *Nostoc microtis*.

M. le professeur Nees d'Esenbeck a publié, dans la Flore du Brésil de M. Martius, un *Riccia grandis*, qui, à part la couleur glauque de ses frondes, présente dans ses autres caractères la plus grande ressemblance avec notre plante. Du reste, l'auteur est aussi incertain que nous du genre auquel il doit rapporter la sienne.

MARCHANTIA EMARGINATA? R. Bl. et N.

M. receptaculo femineo dimidiato masculoque radiatis pedunculatis, radiis feminei emarginatis, masculi integris. Nees, *Hep. Jav.*, p. 7.

Hab. in iisdem locis ac præcedens. Herb. Mus. Par., n.° 104.

Frons sterilis viridis circiter uncialis albo-punctata plana, siccitate ob margines ascendentes canaliculata, a basi lineari angusta apicem versus sensim ampliata, bis dichotoma, laciniis duas lineas latis, apice rotundatis emarginatisque, marginibus integerrimis pellucidis, subtus nervo fusco centro radiculoso et squamis duplicis seriei purpureis instructa, aliæ internæ longiores triangulares acuminatæ sub apicem ovalem denticulatum spiraliter tortæ, aliæ externæ breviores semi-ellipticæ, omnes oblique frondi adhærentes purpurascentes. *Retis* areolæ densæ vix distinctæ. *Scyphuli* in medio frondis secus nervum et ad apicem loborum sessiles orbiculares, limbo magno membranaceo tenuissime denticulato-ciliato cincti, propagines seu gemmas prolificas 20-30 lenticulares cellulosas pellucidas utrinque emarginatas, loborum sæpius inæqualium altero suborbiculari, altero ovato retuso, quo frondis vivæ apicem assimilat, continentes.

Obs. Il est fort difficile de prononcer à quelle espèce de Marchantie appartiennent les frondes stériles que je viens de décrire, ni même de dire avec certitude si c'est une espèce de ce genre. De toutes les espèces avec lesquelles j'ai pu la comparer, la *M. emarginata*, Nees, est celle qui s'en rapproche le plus; mais quoique j'en possède des échantillons authentiques, puisqu'ils me viennent du savant illustre qui l'a publiée, je ne puis décider affirmativement que les deux plantes soient identiques.

MUSCI, L. Juss.

Musci frondosi, Hedw.; *Bryoidea*, Reich.; *Bryaceæ*, Bartl., Lindl. nec Hook.

DICRANUM VAGINATUM, Hook.?

Botanique, pl. III, fig. 2.

D. caule elongato, ramoso, foliis laxis a basi longe vaginante subulatis, vix apice serratis nervo excurrente, capsulæ inclinatæ ovatæ absque struma, operculo longe subulato. Hook., Musc. exot., II, p. 11, t. CLXI.

Hab. Supra saxa inundata ad margines fluminis *Rio negro*, Martio anni 1829, surcula mascula tantummodo lecta fuerunt. Herb. Mus. Par., n.° 107.

Caules cæspitosi, erecti, graciles, 1-2 poll. longi, ramulum unum alterumve brevem hinc inde emittentes, basi stupa radiculosa obducti. *Folia* caulina undique inserta, laxe imbricata, e basi ovata subundulata arcte vaginante in subulam linearem ejusdem longitudinis incurvam, sub ipso apice leviter denticulatam aut integram educta, nervo crasso percursa, luteo viridia. *Flos masculus* capituliformis, sessilis, e 20-30 *antheridiis* helminthoideis fusco-luteis, paraphysibus filiformibus numerosis inæqualiter articulatis immistis compositus et basi vaginante foliorum perigonialium ampliori cinctus.

Obs. Ne possédant que les tiges mâles de cette Mousse, on conçoit que c'est avec doute que je la rapporte à l'espèce décrite et figurée par M. Hooker, dans son magnifique ouvrage intitulé: *Musci exotici*. Si l'on compare en effet la description que je viens d'en faire sur mes échantillons avec celle du savant Muscologiste anglais, si l'on met surtout en regard les deux figures qui montrent la forme des feuilles, forme unique dans tout le genre, on sera frappé de l'identité au moins apparente des deux Mousses, et forcé, comme moi, de les rapprocher jusqu'à nouvel ordre. Si la géographie des plantes cellulaires, dont nous avons déjà quelques bons modèles pour les Lichens, les Algues et les Hépatiques, était plus avancée, nous pourrions peut-être nous rendre compte de la raison qui fait que l'une de ces deux Mousses croît dans les vallées des Andes de Grenade, à une élévation de 1,500 toises au-dessus du niveau de la mer; tandis que l'autre a été trouvée sur des pierres inondées le long des bords fangeux du Rio negro, c'est-à-dire à une très-petite hauteur au-dessus de ce même niveau. Mais les Mousses n'ont point encore été, que je sache, l'objet d'un travail de ce genre dont je m'occupe depuis quelque temps, bien que je n'en attende pas un résultat qui vienne compenser la perte du temps passé dans les recherches qu'exige la seule réunion des matériaux indispensables.

Le port de ma Mousse, ses capitules de fleurs mâles terminant des tiges distinctes,

Musci. qui en font une espèce dioïque, me déterminent à la placer dans le genre *Dicranum*. Les Didymodons ont bien aussi une espèce dioïque, mais elle est unique et africaine; toutes les autres espèces de ce dernier genre sont hermaphrodites ou monoïques.

Jusqu'à ce que quelque voyageur plus heureux retrouve aux mêmes lieux notre Mousse, et en rapporte des tiges chargées de capsules mûres qui viennent infirmer ou détruire ma conjecture, je préfère, pour ne pas déroger à la loi que je me suis imposée, la rapprocher d'une espèce connue, plutôt que de lui imposer un nom nouveau.

Explication des figures.

Pl. 3, fig. 2. *a*, tiges mâles du *Dicranum vaginatum*? Hook., de grandeur naturelle. *b*, sommet d'une tige terminée par un capitule de fleurs mâles ou *anthéridies*, beaucoup plus grandes que nature; on a enlevé quelques feuilles périchétiales. *c*, une de ces feuilles dans laquelle sont encore plus grossies les anthéridies et les paraphyses. *d*, une anthéridie laissant échapper sa poussière fécondante, et deux paraphyses qui l'accompagnent, vues à un très-fort grossissement. *e*, feuille caulinaire grossie.

POHLIA GILLIESII, Montag.

P. cæspitosa, caule brevi, apice et infra apicem innovante, foliis ovatis concavis obtusissimis integerrimisque nervo continuo, thecæ cum apophysi subæquali pyriformis nutantis operculo brevi conico.

Bryum Gilliesii, Hook., Bot. misc., 1, p. 3, t. 11, *cæspitosum, ramosum, foliis ovatis concavis obtusis integerrimis grosse reticulatis nervo integro, capsula inclinata una cum apophysi pyriformi, operculo brevi conico.*

Hab. In iisdem locis ac præcedens a cl. d'Orbigny, et ad radices montium in Andibus, prope Mendozam, a cl. Gilliesio inventa. Herb. Mus. Par., n.° 106.

Caules cæspitosi inferne radiculosi 4 - 6 lineas longi, erecti, rubicundi, apice et infra apicem innovando ramosi. *Folia* inferiora et innovationum laxiuscule imbricata, suprema in comam ovatam aggregata, erecta, ovato-oblonga, concava, obtusissima, integerrima læte viridia, pellucida, nervo valido continuo instructa et per siccitatem specie carinata. *Retis* areolæ trapezoideo-oblongæ laxæ. *Pedunculus* inter innovationes e vaginula subconica terminalis, semi-pollicaris, lævis, rubro-fuscus. *Capsula* matura concolor inclinans, demum e curvatura pedunculi nutans, cum apophysi obconica subæquali pyriformis. *Peristomii exterioris* dentes sedecim acuminati, perpulchre trabeculati, flavi, reflexiles, apice inflexi; *interioris* membrana flava reticulata in lacinias sedecim simplices erectas aut apice conniventes carinatas divisa. *Operculum* breve conicum et conico-hemisphæricum, obtusum. *Calyptra* longe conico-cylindrica, lateraliter fissa, mature caduca, apice rubescens. *Semina* ellipsoideo - sphærica.

Obs. Après avoir analysé cette jolie petite Mousse, j'avais reconnu qu'elle n'était pas décrite dans Bridel, et qu'elle appartenait au genre Pohlia. Je n'avais point encore parcouru les recueils périodiques, ni les mémoires des sociétés savantes, édités postérieurement au *Bryologia universa,* pour m'assurer si elle était ou non inédite, lorsque je la saluai du nom de *Pohlia obtusifolia,* nom spécifique que n'eût sans doute pas dédaigné M. Hooker lui-même, s'il n'eût désiré, comme il est juste, lui imposer le nom du découvreur. Mais en feuilletant les *Botanicals Miscellanies* de ce savant, auquel la Bryologie doit son plus beau lustre, je trouvai ma Mousse décrite sous le nom spécifique que je lui conserve religieusement ici. Quant au genre, si j'en ai changé le nom, ce n'est point pour la vaine gloriole d'accoler le mien à une espèce nouvelle, comme cela se pratique malheureusement trop souvent de nos jours, mais parce que je pense que le genre Pohlia mérite d'être conservé.

S'il en faut juger par la nomenclature des genres de la famille des Mousses, que M. Hooker a communiquée à son compatriote M. Lindley, pour en enrichir la seconde édition de l'ouvrage intitulé : *A natural system of Botany,* on a tout lieu d'être étonné que ce savant professeur qui adopte aujourd'hui le genre *Leskea,* que ni lui ni M. Arnott n'admettaient point autrefois, rejette encore parmi les *Bryum* les espèces qui, par leurs caractères artificiels, appartiennent évidemment au genre en question. Et pourtant chacun sait que les Leskées diffèrent des Hypnes absolument de la même manière que les Pohlies des Brys, c'est-à-dire par l'absence des cils entre les dents du péristome intérieur. Serait-ce donc par une erreur de typographie que, dans cette liste, le mot Pohlia aurait été imprimé en italique, au lieu de l'être en romain? Ce qui me le ferait croire, c'est que parmi un grand nombre de Mousses exotiques que je dois à la générosité du célèbre professeur de Glascow, il s'en trouve une ou deux étiquetées de ce nom. La raison, plus spécieuse au reste que fondée, mise en avant par les Muscologistes anglais pour s'autoriser à réunir ces genres, est que l'on rencontre des intermédiaires, des passages de l'un à l'autre, et que dans l'*Hypnum lutescens*, par exemple, les processus ciliaires, très-courts, rendent cette espèce ambiguë. Mais ces gradations insensibles se retrouvent de même dans les grands végétaux, ce qui n'empêche pas qu'on y établisse des divisions que les bornes de notre esprit rendent souvent indispensables.

Pour moi, considérant surtout le grand nombre des espèces dont se compose le genre *Bryum*, je demeure convaincu que la science peut retirer quelque avantage de l'admission du genre *Pohlia,* dont les caractères sont constans, et j'agis en conséquence de cette conviction.

A Riocreux pins.　　Lecrault editeur　　Oudart

MACROCYSTIS Orbigniana Montag.

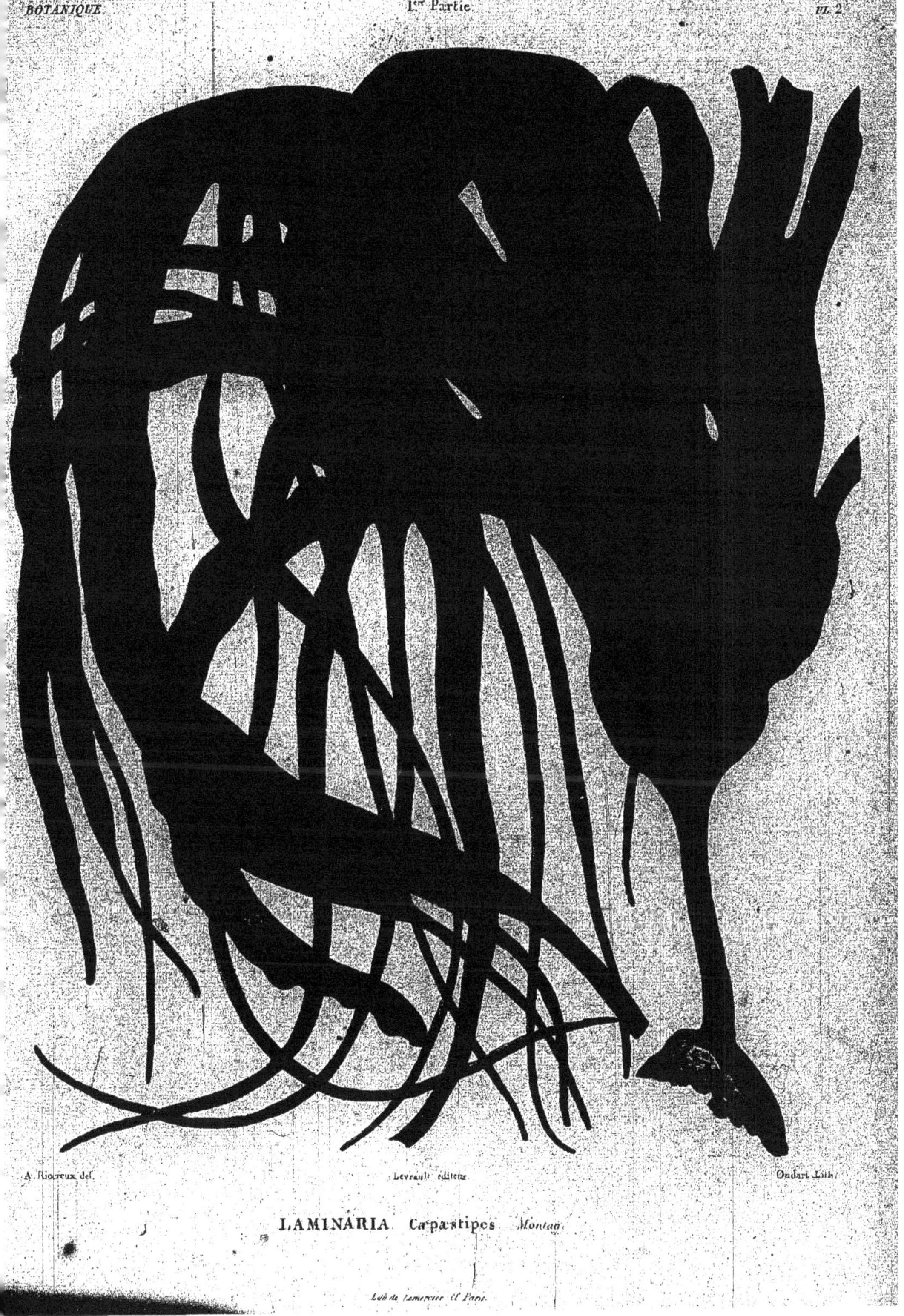

A. Riocreux del. Levrault éditeur Oudart Lith.

LAMINARIA Cæpæstipes Montag.

Lith. de Lemercier et Cie Paris.

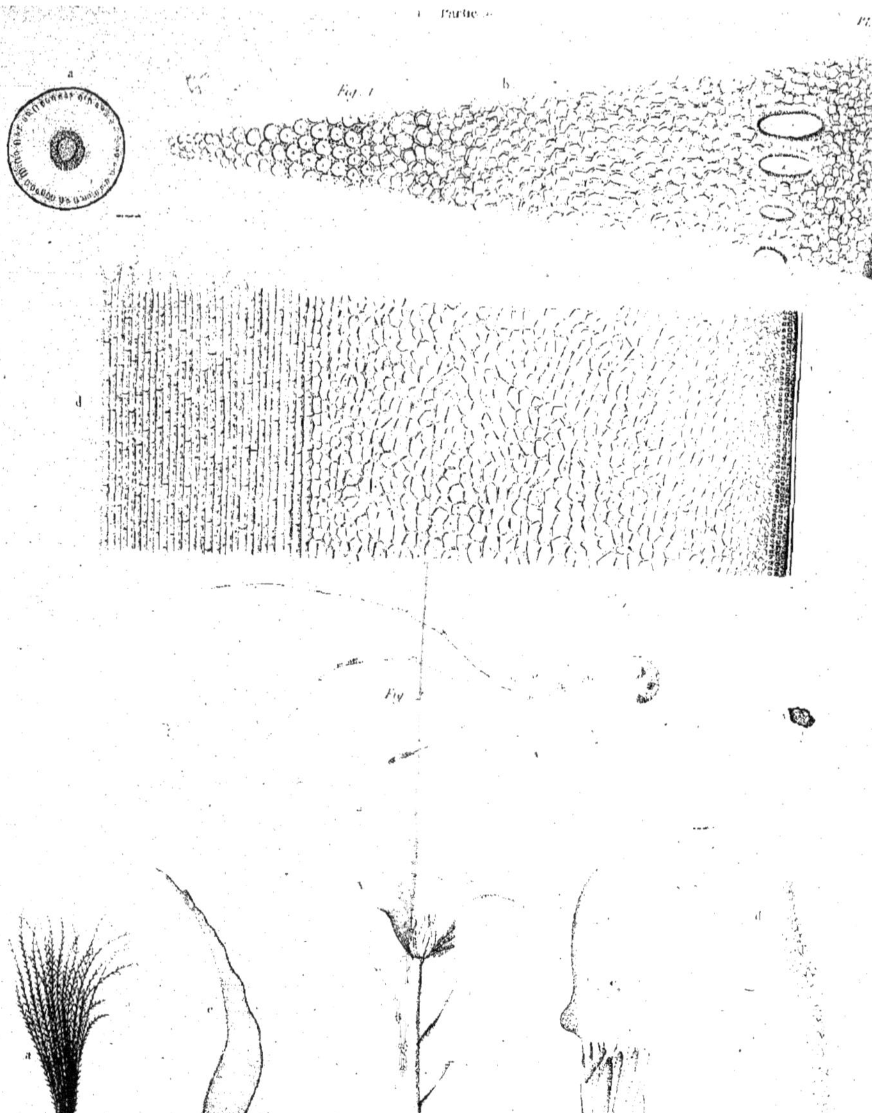

Ed. Bourreux del.

Levrault Éditeur

Fig. 1, Anatomie du MACROCYSTIS Orbigniana Fig. 2 Coniocyste du CODIUM decumbens

Fig. 3 Tiges mâles du DICRANUM vaginatum ? Hook.

Impʳ. de Pollian

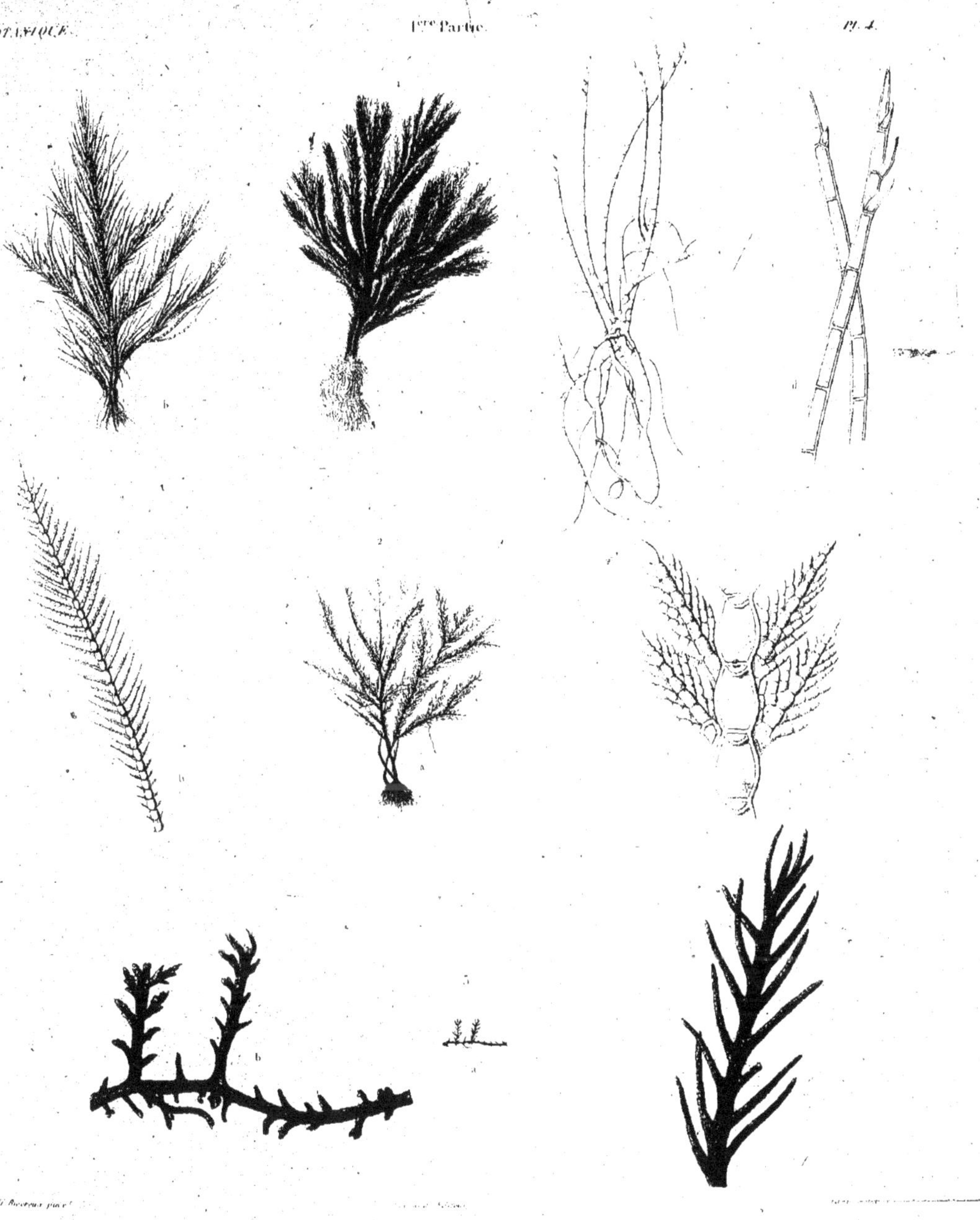

1. CONFERVA aculeata. 2. SPHACELARIA callitricha. 3. POLYSIPHONIA dendritica.

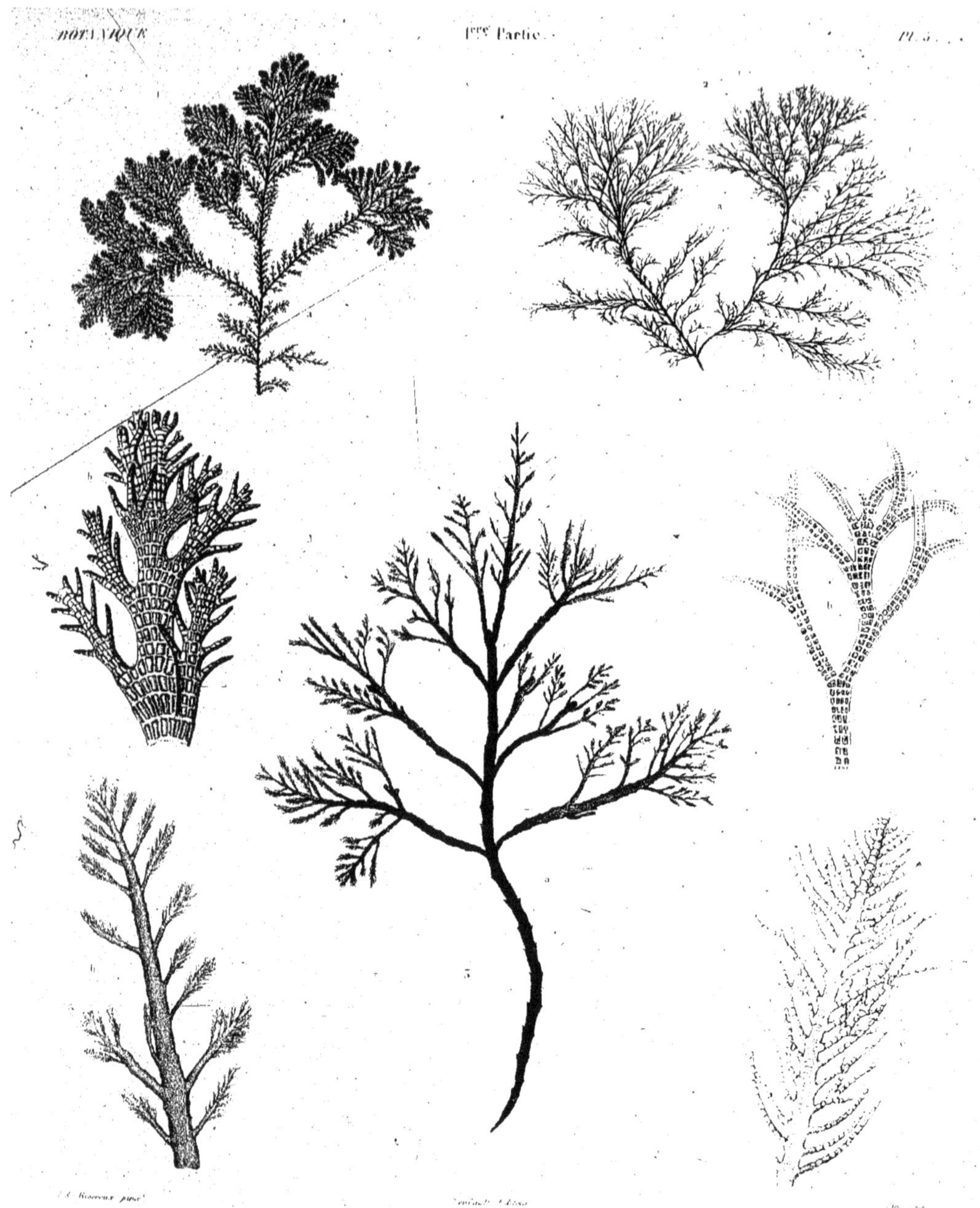

1. POLYSIPHONIA dendroidea *Montag.* 2. P. camptoclada *Montag.* 3. DESMARESTIA peruviana *Montag.*

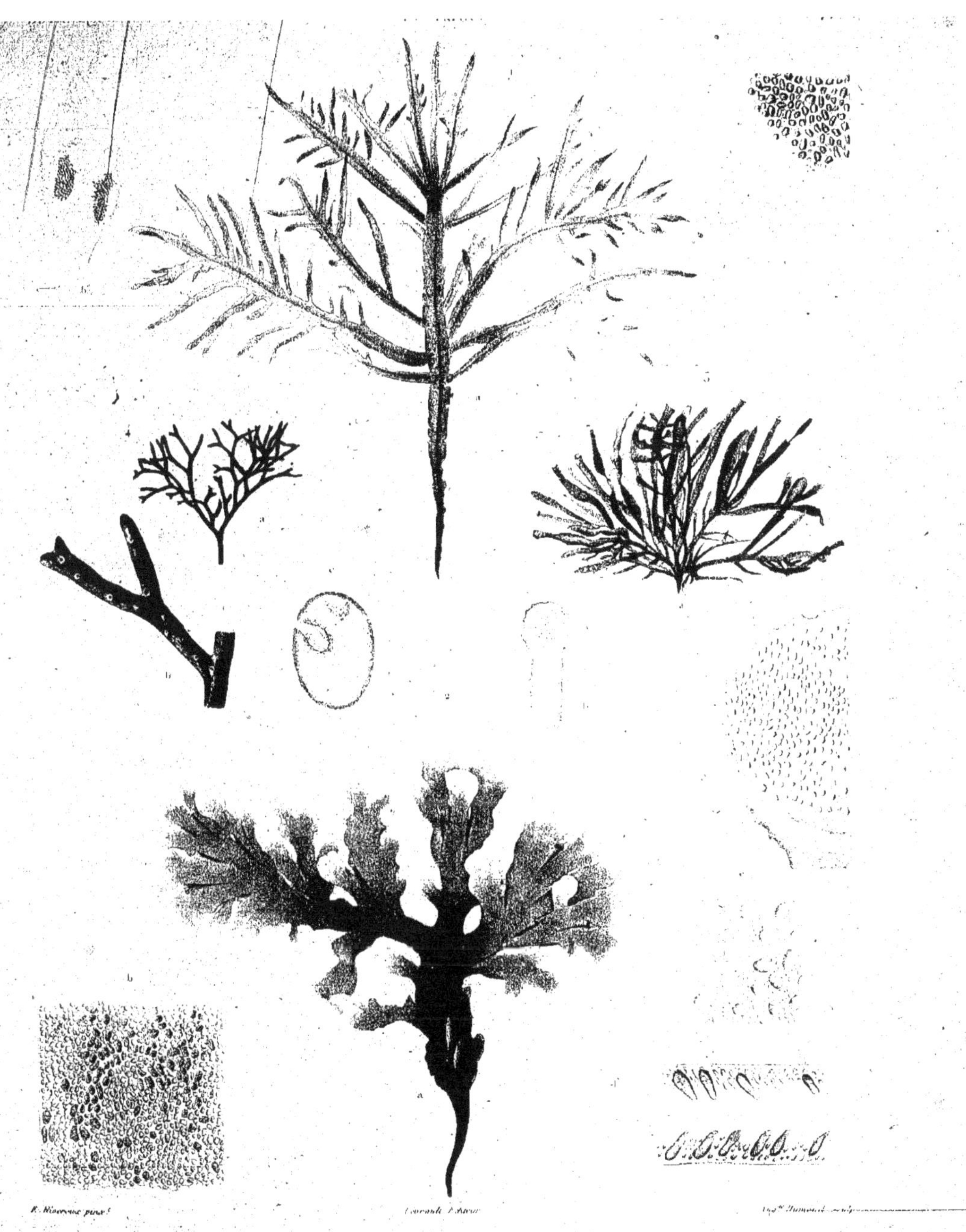

1. DELESSERIA bipinnatifida. 2. HALYMENIA leiphæmia. 3. ACROPELTIS chilensis Montg. 4. SPHÆROCOCCUS fragilis. Id.

1. CONFERVA fascicularis. Mert. 2. CALLITHAMNION clandestinum Montag. 3. C. planum Montag.
4. C. Orbignianum Montag. 5. C. Thouarsii Montag.

FLORULA BOLIVIENSIS.

CRYPTOGAMES DE LA BOLIVIA,

RECUEILLIES

PAR ALCIDE D'ORBIGNY,

ET DÉCRITES

PAR CAMILLE MONTAGNE,

DOCTEUR EN MÉDECINE, CHEVALIER DE L'ORDRE ROYAL DE LA LÉGION D'HONNEUR, MEMBRE DE LA SOCIÉTÉ PHILOMATIQUE DE PARIS, DE L'ACADÉMIE IMPÉRIALE DES CURIEUX DE LA NATURE, MEMBRE HONORAIRE DE L'INSTITUT ROYAL D'ENCOURAGEMENT AUX SCIENCES NATURELLES DE NAPLES, CORRESPONDANT DE L'ACADÉMIE ROYALE DES SCIENCES ET DE L'ACADÉMIE PONTANIENNE DE LA MÊME VILLE, DE L'ACADÉMIE ROYALE DES SCIENCES DE TURIN, DE CELLE DES SCIENCES NATURELLES DE MADRID, DE LA SOCIÉTÉ DE PHYSIQUE ET D'HISTOIRE NATURELLE DE GENÈVE, DE L'ACADÉMIE DES GÉORGOPHILES DE FLORENCE, DES SOCIÉTÉS LINNÉENNES DE PARIS, LYON, BORDEAUX, ETC.

1839.

BOTANIQUE.

SECONDE PARTIE.

FLORULÆ BOLIVIENSIS

STIRPES NOVÆ VEL MINUS COGNITÆ.[1]

PLANTÆ CELLULARES.[2]

ALGÆ[3], ROTH.

SERIES I. ALGÆ ZOOSPERMÆ, J. AG.

ACHNANTES PACHYPUS, Montag.

A. stipite brevi crasso, frustulis binis, supremo gibbo transversim striatulo. Cent. Pl. cell. exot. nouv., Ann. des sc. nat., 2.e série, Botan., tom. VIII, p. 348.

Hab. Ad fila *Confervæ allantoidis*, Montag., in aquis subsalsis degentis parasitantem hanc speciem notabilem legit in Peruvia circa Callao cl. d'Orbigny.

---

1. Comme dans le *Sertum patagonicum*, c'est M. le docteur Montagne qui s'est chargé de faire connaître les Algues, les Champignons, les Hypoxylées, les Lichens, les Hépatiques et les Mousses, en un mot, toutes les Plantes cellulaires appartenant à cette seconde partie.

2. Il y a deux ans que le texte de cette seconde partie est rédigé. Depuis lors la science a fait des pas immenses, et il nous eût fallu, pour rendre à notre travail l'actualité qu'il n'a plus, consacrer un temps que réclament impérieusement d'autres publications. Nous ferons pourtant quelques changemens indispensables, réduit à solliciter pour le reste l'indulgence des botanistes, que nous prions instamment de vouloir bien, avant de nous juger, se reporter par la pensée à l'époque déjà éloignée où ceci aurait dû être imprimé. C. M.

3. Quoique nos idées sur les Algues se soient modifiées depuis la publication du *Sertum patagonicum*, nous employons pourtant encore ici le mot *Algæ* dans la signification la plus généralement adoptée. Nous n'avons pas voulu, dans la crainte de rompre l'unité qui doit exister dans toute composition, y substituer celui plus restreint de *Phyceæ*, créé déjà depuis long-temps par Fries, et qui nous semble préférable, parce que, vierge encore, pour ainsi dire, il n'a pas, comme le premier, été altéré par une foule de définitions qui en ont fait varier l'acception. Les Algues

Algæ. *Stipes* æque crassus ac longus, vix ac ne vix centesimam partem millimetri metiens, hyalinus, frustulo inferiori adnatus et cum eo angulum obtusum efficiens. *Corpuscula* centesimam cum dimidia partem millimetri larga et longa, ideo subquadrata, e frustulis binatim junctis constituta sunt, quorum superius primo gibbosum sensimque deplanatum, semper tamen plus minusve convexiusculum remanens, tenuissime transversimque striatulum pellucidum limboque hyalino marginatum, cum inferiore oblongo macula viridi flava notato in unum coalescit.

Species secundum ætatem perquam polymorpha, *Achnanti intermediæ* Kutz. proxima, a qua plurimis notis recedit, præsertim stipitis crassitudine formaque curvilinea frustuli superioris.

DIATOMA MARINUM, Lyngb.

D. marinum, Lyngb., *Hydr. dan.*, p. 181, tab. 62; Ag., *Consp. crit. Diatom.*, p. 54; *ejusd. Syst.*, p. 5; Kutz., *Syn. Diat.*, p. 56; *D. flocculosum*, DC., Fl. Fr., 2, p. 49.

Hab. Ad Algas varias articulatas in littore peruviano collectas parasitat.

Obs. Ce genre, établi d'abord, mais non publié, sous le nom d'*Archimedea*, par notre savant ami M. Bory de Saint-Vincent, l'a été plus tard sous celui de *Diatoma*, par l'illustre auteur de la Flore française. Dès cette époque, M. de Candolle avait soupçonné l'animalité de ces productions. C'est donc à tort que M. Kutzing attribue ce genre à l'auteur du *Species algarum*. La *Conferva flocculosa*, Roth, *Cat. bot.*, I, p. 192, pl. 4, fig. 4, et pl. 5, fig. 5, n'appartient point à notre espèce, comme l'indique M. de Candolle, mais au *D. flocculosum*, Lyngb.

FRUSTULIA COFFEÆFORMIS? Ag.

Cymbella coffeæformis, Ag., *Consp.*, p. 10; *Frustulia coffeæformis*, Ag., *Ic. alg. europ.*, t. 2; Kutz., *loc. cit.*, p. 12; *Cymbophora coffeæformis*, Breb., *in* Ch. Chevalier, Des microscopes et de leur usage, p. 274.

Hab. Ad fila *Callithamnii Orbigniani*, Montag., parasitans.

Obs. Cette Diatomée ressemble beaucoup à la figure qu'a donnée de la sienne M. Agardh, dans ses *Icones algarum europæarum*. Pourtant, comme celle-ci habite l'eau douce et que mes échantillons ont été trouvés au fond de la mer, je ne puis en garantir l'identité.

MELOSEIRA HORMOIDES, Montag.

M. corpusculis globosis, seriatim transverseque punctatis viridibus, in fila moniliformia conjunctis. Trochiscia moniliformis, Montag., Cent. Pl. cell. exot. nouv., Ann. des sc. nat., 2.e sér., Bot., t. VIII, p. 349.

---

sont désormais pour nous, comme pour Linné, Jussieu, Fries, un ordre qui comprend trois familles, les Phycées ou Algues submergées, les Byssacées ou Algues amphibies, et les Lichens ou Algues émergées. C'est ainsi que nous les avons envisagées et traitées dans l'*Histoire civile, politique et naturelle de l'île de Cuba*, et que nous nous proposons de le faire dans nos autres publications.

Hab. Ad fila Ceramiearum variarum crescens imprimis *Polysiphoniæ dendroideæ* et *Callithamnii floccosi* in portu Callao a cl. du Petit-Thouars lecta.

Corpuscula globosa, viridia, fragilia, $\frac{3}{100}$ millimetri diametro adæquantia, intus cava, sæpius dimidiata et tunc craterem elegantissimam referentia, punctis viridibus transversim seriatis notata, inter se ligamentis hyalinis brevissimis, tenuissimis, augmento microscopii compositi maximo vix conspicuis, copulantibus, moniliformiter concatenata, tubo anhisto primitus inclusa.

Nulli hucusque descriptarum similis.

NOSTOC COMMUNE, Vauch.

Tremella nostoc, L., *Syst. nat.*, 2, p. 714; *Nostoc commune*, Vauch., *Conf.*, p. 222, tab. 16, fig. 1; Lyngb., *Op. cit.*, p. 198, tab. 68, *C*; Moug. et Nestl., *Stirp. Voges. exsic.*, n.° 700.

Hab. Ad terram arenosam rore matutino madidam prope oppidum Itaty in provincia Corrientes a cl. d'Orbigny lectum.

LYNGBYA FERRUGINEA, var.? Ag.

L. filis æruginosis in cæspitem viridi-lutescentem cæruleumque dense intricatis. Nob.

Hab. Ad littora peruviana Oceani pacifici.

Fila simplicia 2-4 poll. longa densissime intricata viridi-lutescentia in cæruleum vergentia. *Striæ* transversales densissimæ, e punctis seriatis augmento 400 diametri microscopii compositi facile distinctis compositæ, interstitiis æqualibus sejunctæ. *Color* cæspitis jam memoratus. Chartæ arcte adhæret. An species distincta?

Obs. A part la couleur, qui du reste varie beaucoup aussi dans les Algues de ce genre appartenant à l'Europe, il est difficile de trouver quelque différence entre cette espèce et le *Lyngbya ferruginea*, auquel je la rapporte. Peut-être est-ce là le *Conferva barbata*, Bory?

CONFERVA ALLANTOIDES[1], Montag.

C. filis setaceis longissimis intricatis exsiccatione collapsis nitentibus nigroque punctatis ramosis, ramis alternis iterum ramosis, supremis simplicibus interdum subsecundis, articulis maxime variantibus diametro 2plo-5plo longioribus exsiccatione alternatim constrictis. Cent. Pl. cell. exot. nouv., *loc. cit.*, p. 349.

Hab. In aquis subsalsis fluvii Lima ad Callao, ubi a cl. d'Orbigny lecta fuit.

Cæspes densissimus, viridis, pedalis et ultra. *Fila* ramosa perquam implexa, si extricentur, fere quinque pollices longa, circumscriptione lanceolata. *Rami* alterni, inferiores elongati, iterum ramosi; rami secundarii breviores, simplices, patentes, flexuosi; supremi tandem eodem modo dispositi strictique, interdum tamen subsecundi approximati,

---

1. Nomen specificum e voce græca ἀλλᾶς, ᾶντος (*saucisse*), formatum et a forma articulorum strangulata desumptum.

Algæ. apice obtusi. *Articuli* longitudine summopere variabiles, alii vix diametrum superantes, alii eodem quintuplo longiores, cylindrici oblongi utrinque obtusi et obscuri, exsiccatione collapsi nitentes alternatim constricti nigroque punctati. *Genicula* contracta. *Color* cæspitis in aqua natantis læte, exsiccati vero saturate viridis. *Substantia* tenera, membranacea. Chartæ et vitro adhæret. Crescit *Soleniæ intestinali* Ag. permixta.

Obs. Cette Conferve, trouvée dans les eaux de la *Lima*, non loin de Callao, c'est-à-dire dans un lieu où le reflux, se faisant encore sentir, rend les eaux saumâtres, m'a paru différer de toutes celles déjà publiées, avec lesquelles je l'ai comparée, soit en me servant d'échantillons authentiques, soit, faute de ceux-ci, en faisant usage des figures et des descriptions plus ou moins parfaites qu'on rencontre dans les ouvrages généraux et les recueils mensuels. Il faut toutefois convenir, et je ne crains pas qu'il vienne dans l'idée de personne de me contredire à ce sujet, que ce genre est peut-être de toute la famille celui qui a le plus besoin d'une révision. Tel qu'il est en ce moment, c'est un vrai farrago, un amas confus et mal digéré des formes les plus voisines, distinguées souvent par de mauvais ou fugaces caractères, ou les plus éloignées, mais rapprochées sur d'aussi faibles fondemens. On ne doit pas après cela s'étonner qu'un naturaliste, plutôt que de s'enfoncer et se perdre dans ce vrai chaos, qu'*il n'a eu ni le temps ni les* moyens de débrouiller, préfère donner une description complète d'une espèce étrangère, qui présente dans ses formes et toute sa manière d'être assez de différences pour qu'il soit impossible de la rapprocher d'aucune de celles déjà publiées. J'aurais bien désiré ajouter une figure à l'appui du signalement que j'en ai donné; mais le nombre en étant fort limité, il a fallu nous astreindre à ne représenter que les Algues les plus remarquables.

Notre Conferve se rapproche des *Conferva diffusa*, Roth et *Bruzelii*, Ag., entre lesquelles elle doit être systématiquement placée; mais elle diffère de l'une et de l'autre par ses articles de longueur très-variable. On pourrait encore, en la comparant au *C. patens*, dire qu'il est facile de l'en distinguer par ses rameaux supérieurs serrés contre le filament principal et non ouverts, ni encore moins réfractés.

CONFERVA FASCICULARIS, Mert.

Botanique, 2.ᵉ partie, pl. VII, fig. 1.

Conferva fascicularis, Mert. *in* Ag., *Syst. alg.*, p. 114; Mart., *Fl. Bras.*, 1, p. 9.

C. filis capillaceis ramosissimis, ramis alternis remotis abbreviatis, ramulis fastigiatis subsecundis, articulis diametro quadruplo longioribus. Ag., *loc. cit.*

β. Laxissima, Nob., *ramis remotiusculis, ramulis paucioribus brevioribus ascendentibus, non fastigiatis.*

Hab. Typus et varietas ad oram Peruviæ in Oceano prope Callao lecti.

Obs. Cette jolie espèce, qui méritait particulièrement les honneurs d'une figure, est néanmoins bien voisine du *Conferva glomerata*, L., ainsi qu'on pourra s'en convaincre en jetant les yeux sur celle que nous en avons donnée. Elle en est pourtant remarquablement distincte, selon moi, par deux caractères essentiels : la brièveté de ses rameaux d'une part, et de l'autre l'espace plus grand qu'ils laissent entr'eux. Les filamens sont aussi plus gros, bien que les articulations conservent le même rapport dans leur dimension, surtout dans la variété marine. Elle se rapproche encore bien plus du *Conferva sericea*, Huds., qui s'en distingue surtout par ses filamens principaux trichotomes vers le milieu de leur longueur. Quoi qu'il en soit de ces différences, les trois plantes ont la plus étroite affinité et une si grande ressemblance, qu'il faut beaucoup d'habitude pour les distinguer à première vue.

Algæ.

CONFERVA ACULEATA, Montag.

Botanique, 1.re partie, pag. 4, pl. IV, fig. 1.

Nota. M. Suhr a publié, dans le Journal botanique de Ratisbonne (*Flora*) pour 1835, une espèce de Conferve originaire du cap de Bonne-Espérance, qu'il a nommée *C. aculeata*, et que je ne connaissais pas encore quand j'ai publié moi-même sous ce nom, dans le *Sertum patagonicum*, une autre espèce bien différente, que M. d'Orbigny avait rapportée du littoral de la Patagonie. N'ayant pu consulter le journal en question qu'à une époque tardive, le nom spécifique d'*aculeata*, déjà gravé sur la planche, a dû être conservé dans le texte. Cependant la priorité étant acquise de droit à l'espèce du Cap, si l'une et l'autre sont admises par les algologues, mon espèce patagonienne, qui n'a paru effectivement qu'en 1837, devra prendre à l'avenir le nom de *Conferva oxyclada*, Montag.

ENTEROMORPHA INTESTINALIS, Lk.

Ulva intestinalis, L., Ag., *Spec. alg.*, 1, p. 41; Moug. et Nestl., *Stirp. voges.*, n.° 791; *Solenia intestinalis*, Ag., *Syst. alg.*, p. 185, *Hydrosolen intestinalis*, Mart., *Fl. Bras.*, I, p. 10.

Hab. *Confervæ allantoidi* permixtam legit eam cl. d'Orbigny.

ULVA LACTUCA, L., Mart.

Ulva lactuca et *latissima*, Ag., *Spec. alg.*, 1, p. 407 et 409; *U. lactuca*, Mart., *Fl. Bras.*, 1, p. 20; Montag., *Sert. patag.*, p. 10.

Hab. Ad littora peruviana Oceani pacifici, prope Callao lecta.

Ulva lactuca δ palmata, Ag., *loc. cit.*, p. 409; *U. nematoidea*, Bory, Coq., p. 190. Non videtur diversa.

Hab. Ad littora chilensia cl. Gaudichaud, et peruviana circa Callao cl. d'Orbigny hanc varietatem legerunt.

Ulva lactuca ε longissima, Montag., Herb.

U. fronde longissima angustissimaque margine undulato-crispa.

Hab. Ad oras chilenses prope Valparaiso a Bertero lecta.

Algæ. Frons membranacea, tenerrima, sex pedes longa, duos pollices larga, marginibus undulato-crispis. *Laminariam saccharinam* juniorem, longitudine excepta, exacte refert.

Series II. ALGÆ FLORIDEÆ, Lamx.

CERAMIUM RUBRUM, Ag.

Conferva rubra, Huds., *Fl. Angl.*, p. 600; Dillw., *Brit. Conf.*, p. 78, tab. 34; *Fl. Dan.*, tab. 1482; *Engl. Bot.*, t. 1166; *Ceramium rubrum*, Ag., *Syn.*, p. 9, et *Syst. alg.*, p. 135; Mart., *Fl. Bras.*, 1, p. 14; *Ceramium axillare*, DC., Fl. Fr., 2, p. 46; *Boryna nodulosa* et *elongata*, Gratel., ex speciminibus ad oras hispanicas a cl. Durieu collectis et a celeb. Bory determinatis.

Hab. Ad oras Oceani pacifici regna chilense et peruvianum alluentis, præsertim prope urbes Conceptionis et Coquimbo lectum.

Obs. Un échantillon fructifié ne m'a offert aucune différence, comparé à d'autres individus du même âge recueillis sur nos côtes de Bretagne et de Normandie.

Un autre échantillon, qu'on pourrait rapporter à la variété membraneuse de la même espèce (*Ceramium rubrum*, var. θ, *membranaceum*, Ag., *Spec. alg.*, 2, p. 150), présente ceci de remarquable, que sur quelques-uns des rameaux subulés, qui partent de tous les points du filament principal, on voit des renflemens ou tubercules épars, nichés sous l'épiderme et composés de gongyles ternés ou quaternés, granuleux et d'un pourpre très-vif, dont l'éclat est encore rehaussé par la couleur rose pâle de la fronde. Cette sorte de fructification a été observée dans l'espèce suivante par M. Agardh. Comme je n'ai rencontré dans cet individu aucune autre espèce de fructification, je ne puis pas plus que ce savant algologue, décider si réellement l'on doit rapprocher cette algue comme variété du *Ceramium rubrum*, ou l'en distinguer spécifiquement, les caractères pris des conceptacles normaux ne pouvant être employés pour cette distinction.

J'ai encore trouvé, dans l'analyse anatomique que j'ai faite, des choses dignes d'être notées pour servir à l'histoire de notre Céramiée. Une coupe transversale de la tige ou du filament principal m'a montré qu'il était composé de dehors en dedans : 1.° d'un épiderme hyalin extrêmement ténu; 2.° de cellules tubuleuses arrondies ou elliptiques; 3.° d'un canal interrompu ou du moins fort rétréci au niveau des cloisons (*genicula*); 4.° enfin, d'un nombre infini de granules colorés en rose, interposés entre l'épiderme et les cellules tubuleuses. Les dimensions de ces parties, mesurées au moyen du micromètre, sont les suivantes : Le filament principal, dans le haut, a un cinquième de millimètre; les cellules tubuleuses, de 5 à 7 centièmes de millimètre; et enfin, le canal central, un dixième de millimètre en diamètre. Les taches purpurines, formées sur les rameaux subulés par la réunion des gongyles, ont un diamètre de $^{4}/_{100}$ de millimètre. La plante entière a 4 pouces de hauteur (11 centimètres); mais elle paraît incomplète. Les articles ont une longueur égale à leur diamètre dans le filament principal, plus courte que ce même diamètre dans les rameaux.

CERAMIUM DIAPHANUM, Roth.

Conferva diaphana, Lightf., *Fl. Scot.*, p. 996; *Fl. Dan.*, t. 951; Dillw., t. 38; *Engl. Bot.*, t. 1742; *C. elegans*, Roth, *Cat. I*, t. 5, fig. 4 (*pessima*); *Ceramium diaphanum*, Roth, *l. c.*, III, p. 154; Lyngb., *loc. cit.*, p. 119, t. 37; Duby, 2.ᵉ Mém. sur les Céram., t. 3, fig. 6 (*fructus analysis*).

Hab. In Oceano pacifico prope *Valparaiso* unicum specimen sterile et in atlantico ad oras brasilienses circa *Rio de Janeiro* super *Sphærococcum ramulosum* Mart. parasitans lectum.

Obs. Dans les échantillons pygmées qui vivent sur le *Sphærococcus ramulosus*, j'ai observé la sorte de fructification dont parle M. Agardh, c'est-à-dire des tubercules pourpres, situés au niveau des articulations et assez saillans pour rendre le filament noueux et comme moniliforme. Ces tubercules non involucrés contenaient des gongyles sphériques d'un beau rose, qu'on en faisait sortir en comprimant le filament entre deux lames de verre.

GRIFFITHSIA SETACEA, Ag.

Conferva setacea, Ellis; *Phil. Trans.*, 57, t. 18, fig. *e*; *Engl. Bot.*, tab. 1689; Dillw., *loc. cit.*, p. 74, t. 82; *Ceramium penicillatum*, Ducluz., DC., Fl. Fr., 2, p. 43; *C. setaceum*, Duby, *Bot. gall.*, p. 968, et 2.ᵉ Mém. sur les Céram., t. 4, fig. 1.

Hab. Ad oras Peruviæ in portu *Cobija* dicto lecta.

Obs. Nos échantillons stériles n'ont pu être rapportés à une autre espèce, bien que les filamens, dichotomes au reste, comme ceux de nos côtes, offrent un peu plus de grosseur.

CALLITHAMNION ORBIGNIANUM, Montag.

Botanique, 2.ᵉ part., pl. VII, fig. 4.

C. filis pinnatis, pinnis ramellisque oppositis in trunco horizontalibus, supremis patentibus utrinque pectinato-bipinnatis. Cent. Pl. cell. exot. nouv., *loc. cit.*, p. 351.

Hab. In Oceano pacifico Peruviam alluente prope Callao hoc Callithamnion totius generis haud dubie speciosissimum legit cl. d'Orbigny, cujus nomine inscriptum meritoque ornatum volui.

Fila primaria capillaria, semipedalia, ramos alternos demum suddichotomos hinc et illinc emittentia, a basi ramellis oppositis, horizontalibus, ex quoque geniculo egredientibus, utrinque iterum pinnatis vestita, pinnulis 5-9, omnibus oppositis. *Rami* supremi dichotomi axillis subrotundatis adscendentes, incurvi, bipinnati, pinnulis patentibus, ultimis spinæformibus! *Articuli* caulini diametro duplo triplove longiores medio adeo contracti ut non male vascula illa vitrea assimulent navigantibus usitatissima in medio

Algæ. instar duorum turbinum coarctata, ex quibus pulvisculus arenave tenuissima per foramen minutum sensim ex parte superiore in inferiorem delabitur atque legitimum horæ tempus metitur. *Pinnarum articuli* quam caulis minores, vix diametro sesqui longiores, pinnularum tandem breviores. E constrictura omnium fili primarii articulorum seu genieulis, ramelli horizontales ĝrediuntur qui pinna ferunt opposita interdum et illa aut pinnata aut bifurca evadunt, ramellorum æqualia. Caulis primarii *genicula* tumida pellucida utriculos separant succo roseo repletos medioque, ut ipsi articuli, strangulatos, sursum deorsumque (in sicco) stria curvula limitatos. *Capsulæ* globosæ ellipticæve ad basim ramellorum caulinorum seu ad axillas pinnularum utrinque sessiles limbo hyalino cinctæ, massam gongylorum purpuream sæpius radiis obscurioribus tri vel pluripartitam, continentes. Ex filis primariis secundariisque nascuntur etiam ramelli articulati, supremis consimiles sed bifidi, nec autem pinnati, non secus ac meræ prolificationes, mea sententia, existimandi. Imo aliquid vidi magis adhuc portentosum, filæ scilicet numerosæ ex ambitu capsulæ cujusdam ad basim ramellorum nidulantis exoriri et speciem involucelli elegantissimam eidem præbere. *Color* pulcherrime roseus. *Substantia* membranacea. Chartæ arcte adhæret.

Obs. L'espèce que je viens de décrire a une grande ressemblance avec les *Callithamnion floccosum* et *Plumula*. Mais, malgré les nombreux rapports qui lient ensemble les trois espèces, la nôtre est si distincte des deux autres, qu'il suffit de la voir entre elles pour la reconnaître à son port et à sa ramification extrêmement divers. Ainsi la fronde entière, qui, dans mes échantillons, a près de six pouces de long, est très-élancée, comme lancéolée obtuse dans sa circonscription générale, tandis que dans le *C. floccosum*, où elle acquiert ordinairement deux pouces, elle forme une sorte de corymbe, dont les rameaux étalés circonscrivent la demi-circonférence d'un cercle. Dans le *C. Plumula* la fronde, tout aussi rameuse que celle du *C. floccosum*, et remarquable comme elle par ses rameaux allongés naissant dès la base, acquiert à peu près la même forme générale, avec la seule différence d'une dimension ordinairement plus grande. Mais on trouvera encore plus de différences propres à caractériser notre espèce, si l'on veut les chercher dans l'analyse microscopique, différences essentielles qui viendront confirmer celles qui frappent les yeux de l'observateur à la simple inspection. Les ramules qui garnissent la tige ou le filament principal, sont recourbés en bas dans les deux espèces européennes et seulement garnis, vers la partie supérieure, de pinnules simples dans l'une, bifurquées ou dichotomes dans l'autre; mais dans le Callithamnion péruvien ces mêmes ramules sont horizontaux et chargés de chaque côté de pinnules très-ouvertes, simples ou une seconde fois pinnées. En outre, dans l'un, le *C. floccosum*, la fructification consiste en capsules ovales, très-menues, disposées le long et au côté intérieur des pinnules; dans l'autre, le *C. Plumula*, les capsules sont aussi fixées en dedans et à la base des pinnules secondaires; dans le *C. Orbignianum*, ces mêmes organes occupent soit le milieu de la base des ramules caulinaires, soit l'aisselle des pinnules qui garnissent ceux-ci. Quant à leur forme, elle se rapproche, dans notre espèce, de celle qui est propre au *C. Plumula*.

La comparaison que j'ai établie entre les articles du filament principal et ces horloges de sable que les marins nomment *ampoulettes*, est de la plus grande exactitude, et telle que nulle autre n'en saurait donner une meilleure idée.

Explication des figures.

Pl. 7, fig. 4. *a*, partie supérieure du *Callithamnion Orbignianum*, de grandeur naturelle; *b*, extrémité d'un rameau du sommet vu à un très-fort grossissement du microscope composé : faute de place, on n'a figuré que l'une des branches de la bifurcation en forceps des dernières divisions du filament principal; *c*, portion du milieu de ce filament principal vue au même grossissement et montrant la place qu'occupent les fructifications ou capsules sur les ramules latéraux dont il est comme hérissé, et l'organisation de ceux-ci. On voit dans la même figure, en *d*, le développement de filamens qui a lieu autour d'un conceptacle et dont nous avons parlé dans la description, et en *e*, une Diatomée que je crois devoir rapporter au genre *Frustulia*, sans la distinguer spécifiquement.

CALLITHAMNION? THOUARSII, Montag.

Botanique, 2.ᵉ part., pl. VII, fig. 5.

C. filis a basi ramosis, ramis bipinnatis, pinnis pinnulisque oppositis patenti-erectis ultimis subsecundis, articulis fili primarii pinnarumque diametro quadruplo longioribus, pinnularum subæqualibus. Fructu.... Cent. Pl. cell. exot. nouv., *loc. cit.*

Hab. In Oceano pacifico regnum chilense alluente, et præcipue in portu *Valparaiso* a cl. Navarcho du Petit-Thouars, ex quo nomen specificum jure ac merito deprompsi, inventum est.

Fila tri- quadripollicaria, a basi capillari opposite ramosa, ramis elongatis adscendenti-erectis bi- et tripinnatis, pinnis brevibus iterum pinnulas oppositas erecto-patentes utrinque ferentibus, his ultimis tandem basi sursum ramellos secundos pro ratione longos surrectos sensim decrescentes, apice autem vel ultra medium iterum pinnulas oppositas gerentibus. *Rami* et *pinnulæ* omnium ordinum oppositi et proxime sub ipsis geniculis affixi sunt. *Articuli* cylindrici, filorum primariorum ramorumque diametro triplo quadruplo longiores, pinnularum vero vel sesqui longiores vel subæquales, intus linea rosea aut purpurea, interdum intense sanguinea, an exsiccatione? percursi, nonnunquam tantum maculis roseis amorphis viridibusque, ut in icone nostra depictum est, variegati. *Genicula* pellucida aut etiam subobscura in pinnis secundariis tertiariisque. *Fructus*..... *Color* sordide roseus cum vitrore aliquo permistus. Chartæ et vitro arctissime adhæret.

Obs. Les échantillons en petit nombre qui m'ont été communiqués, paraissent avoir été recueillis soit dans un âge un peu avancé, soit après un séjour plus ou moins long sur la plage, où ils avaient été rejetés par le flot. Toujours est-il qu'ils sont fort maltraités, encore plus mal préparés pour l'étude, et que je ne me suis décidé à décrire

Algæ.

et à figurer l'espèce que parce qu'elle m'a semblé, même dans l'état d'imperfection où je la possède, digne par sa forme de prendre place dans le joli genre dans lequel j'ai pensé devoir la faire entrer. Je regrette beaucoup de n'avoir pas pu en observer la fructification. Aussi ai-je été long-temps dans le doute si je n'avais pas plutôt affaire à une Conferve qu'à une Céramiée, et, si j'ose le dire, ce doute n'est pas complétement levé et ne pourra définitivement l'être que par la connaissance du mode de fructification ou des observations faites sur les lieux mêmes où végète notre algue. Le port en effet et la ramification la rapprochent bien plus des Conferves, et la coloration en rouge des articles n'est pas un caractère suffisant pour autoriser à prononcer qu'elle milite dans la sous-tribu des Céramiées, puisque nous connaissons plusieurs vraies Conferves qui sont remarquables par ce caractère de coloration, dû souvent à ce que la plante a végété sur des Floridées. Ainsi le filament principal du *Conferva mirabilis*, Ag., est visiblement parcouru par des stries rouges, comme nous l'observons dans l'Algue dont nous nous occupons. Le *Conferva bicolor*, Mert., et un échantillon du *C. pellucida*, Huds., que je possède en herbier et qui, recueilli à Saint-Pol de Léon, sur nos côtes de l'Ouest, m'a été communiqué par M. le capitaine de vaisseau Duperrey, présentent aussi la même coloration rouge de leurs filamens principaux et même secondaires. Reste la structure du filament; mais j'ai déjà dit que mes échantillons étaient en mauvais état. Il faut donc être bien en garde pour la détermination de nouvelles espèces qui offriraient cette anomalie dans la couleur. De là les doutes qui se sont élevés dans mon esprit sur la vraie nature de l'espèce chilienne, de même que sur celle du *Ceramium pictaviense*, publié par M. Delâtre[1], sous-préfet de Loudun, et dont je n'ai pu encore me procurer un exemplaire. Si j'en juge pourtant sur la figure que ce botaniste a jointe à son opuscule, je la trouve bien voisine du *Conferva ægagropila*, L. (Dillw., tab. 87), à part la couleur, qui est différente.

Notre plante a quelque rapport dans sa ramification avec une Conferve de l'île Maurice, publiée par M. Harvey, dans le Journal de botanique de M. Hooker, sous le nom de *C. composita*, de telle sorte qu'au premier aperçu et en lisant la phrase diagnostique qu'en a donnée ce naturaliste, je pensais qu'il y avait quelque similitude entre elles. En y regardant de plus près, j'y ai vu des caractères qui ne se retrouvent point dans l'algue de Valparaiso. Ainsi, les rameaux sont bien opposés dans l'une comme dans l'autre, mais dans la mienne ils ne sont jamais ternés, ni quaternés. Les pinnules, au lieu d'être horizontales, forment avec le rameau un angle de 45 degrés. Enfin les articles même du filament principal ne dépassent jamais en longueur quatre fois le diamètre, bien loin d'arriver à en mesurer dix à douze fois la largeur. La couleur de la Conferve africaine est d'ailleurs d'un vert foncé; celle de notre douteux Callithamnion est rose, mélangé de vert. Cette teinte verte, au reste, tient peut-être ici, comme dans la plu-

1. Depuis que ceci est écrit, j'ai reçu de M. Delâtre un échantillon de cette espèce qu'il a reconnu lui-même ne pouvoir appartenir aux Céramiées, et qu'en conséquence il nomme présentement *Conferva pictaviensis*.

part des Floridées qui n'ont pas été préparées et étalées au sortir de l'eau, à l'action combinée de l'air et de la lumière, action qui n'a pas encore été suffisamment appréciée dans le cas dont il s'agit. Il est bien certain, toutefois, que des algologues, d'ailleurs fort recommandables, mais qui n'avaient pas tenu compte de cette altération dans la couleur, ont donné comme nouvelles des plantes de cette tribu déjà connues, parce que de roses elles étaient devenues vertes ou bigarrées de jaune, de rouge et de vert. Enfin, il est des Céramiées remarquables par ces nuances, même dans l'état normal, par exemple le *Callithamnion versicolor.*

Nous n'en recommandons pas moins, dans l'intérêt de la science, aux botanistes qui visiteraient les ports du Chili, de ne pas négliger d'observer cette algue dans les différentes phases de son existence, afin de constater, dans le cas où cela serait possible, si elle appartient définitivement au genre auquel je l'ai rapportée, ou bien si c'est réellement une Conferve.

Explication des figures.

Pl. 7, fig. 5. *a*, Algue de grandeur naturelle; *b*, portion d'un rameau secondaire, chargé d'un rameau de troisième ordre, très-grossis.

CALLITHAMNION FLOCCOSUM, Ag.

Conferva floccosa, *Fl. Dan.*, t. 828, fig. 1; *Ceramium floccosum*, Roth, *Cat. bot.*, II, p. 185; *Conferva Plumula*, Dillw., *Introd.*, p. 79, tab. 50, fig. *A*; *Ceramium Plumula*, Ag., *Syn.*, p. 62; Lyngb., *Hydroph.*, p. 127; *Callithamnion floccosum*, Ag., *Spec.*, 2, p. 158.

Hab. Ad portum Callao Peruviæ aliquot fila hujus speciei, ut videtur, distinctæ cum *Polysiphonia dendroidea* nostra commixta legit cl. du Petit-Thouars.

Obs. L'unique exemplaire de cette Algue, rapporté par le marin célèbre que je viens de nommer, ne diffère autrement des échantillons recueillis à Belle-Île-en-mer par M. Saubinet, que par cette seule anomalie dans la position des pinnules qui garnissent le filament principal, lesquelles, au lieu de naître, comme le dit fort justement M. Agardh et comme je le vois dans l'échantillon de Bretagne, un peu au-dessus du milieu des articles, partent à angle très-ouvert du sommet de ces mêmes articles. C'est là une différence qu'il est bon de noter pour servir à l'histoire de l'espèce, mais qui n'est pas assez essentielle, toutes choses égales d'ailleurs, pour autoriser à regarder la plante péruvienne comme appartenant à une autre individualité. L'Algue que j'ai reçue sous ce nom de M. Pelvet, qui l'avait recueillie à Arômanches, n'est qu'une forme jeune du *C. Plumula*.

CALLITHAMNION GRACILLIMUM? Ag.

C. filis basi setaceis flexuosis creberrime decomposito-pinnatis, pinnis pinnulisque alternis patentibus, articulis diametro triplo sesqui longioribus inferne incrassatis. Fructu.....

Hab. Cum præcedente legit cl. du Petit-Thouars.

Algæ. *Fila* bi- triuncialia a basi setacea ramosa, ramis elongatis. *Rami* alterni, distichi, e quovis geniculo ramos emittentes secundarios iterum bipinnatos, pinnulis patentibus laxis rectis aut incurvis, supremis in quoque ramo densissimis gracillimis subfastigiatis. *Articuli* primarii diametro triplo, pinnularum sesqui duplo longiores, etiam æquales inveniuntur. Insuper articuli quoad formam maxime variant : in filis autem e basi incrassata sensim decrescunt, demum sub apice ipso denuo inflantur ut inferior cum proxime superiori aptius coeat, succo roseo tunc (in sicco) collapso et extremitates versus coadunato; in pinnis vero articulus æqualis est et locula succo repleta. *Capsula* vel qualiscumque alia fructificatio deest. *Color* in specimine juniore amœne roseus, in annoso intensius coloratus et fere sordide purpureus. *Substantia* tenerrima. Chartæ tam arcte adhæret, ut difficile sit sine laceratione ab ea vel humectata hanc algam divellere, quod autem in congeneribus rarius evenit.

Obs. Notre plante se rapporte tellement à la description qu'a donnée M. Agardh de son *C. gracillimum* que, même en l'absence d'échantillons authentiques de cette espèce, je ne crois pas me tromper en les regardant comme identiques. Ce n'est pas qu'elle n'offre aussi quelque conformité dans le mode de ramification et la longueur des articles avec le *C. thuyoides*, que je ne connais que par la figure qui en a été donnée dans l'*English Botany*. L'échantillon plus avancé en âge, et dont les rameaux secondaires, plus élancés, plus étroits dans leur ensemble que ceux de l'exemplaire jeune, qui, eux, sont plutôt oblongs, offre surtout une grande ressemblance avec l'espèce en question; mais, dans l'un comme dans l'autre, les rameaux sortent des jointures (*genicula*), et non, comme dans le *Callithamnion thuyoides*, un peu au-dessous de ces mêmes jointures. D'un autre côté, j'ai fait remarquer dans la description abrégée que j'ai cru devoir donner de ma plante, que les derniers ramules qui terminent un rameau secondaire sont ascendans, un peu courbés en dedans, très-rapprochés et presque fastigiés, circonstances qu'on ne voit pas exprimées dans la figure de l'espèce anglaise. Malheureusement nos échantillons ont été recueillis à une époque où la fructification n'était pas encore développée. Il m'était donc impossible de confirmer ma détermination par l'indication des caractères tirés de la forme et de la position des capsules.

Je dois ajouter qu'en visitant la collection de M. Kutzing, acquise par le Muséum d'histoire naturelle de Paris, j'y ai rencontré un échantillon pygmée (comme le sont presque tous ceux de la même collection) du *Callithamnion thuyoides*, recueilli dans l'Adriatique, lequel ressemble assez bien à ma plante. Au reste l'examen d'une grande quantité d'Algues recueillies en Corse par mon ami M. Soleirol, capitaine du génie, m'a mis à même de constater que, dans cette localité, la plupart des Céramiées, beaucoup de Floridées et même des Fucacées, étaient réduites souvent au dixième de leur stature normale.

CALLITHAMNION VERSICOLOR, Ag.

Conferva purpurascens, Huds. (*ex* Ag.), *Fl. angl.*, p. 600 ; *Engl. Bot.*, t. 2465 ; *Ceramium fruticulosum*, Roth, *Cat.*, II, p. 183 ; Lyngb., t. 38 ; *C. byssoides*, Ducluz ; *Ceramium versicolor*, Mart., *Fl. bras.*, I, p. 14? *Callithamnion versicolor*, Ag., *Spec. alg.*, II, p. 170.

C. *filis a basi capillaribus alterne ramosis, ramis primariis ascendentibus, secundariisque pinnatis, pinnulis apice corymboso-fastigiatis, articulis ad genicula hinc gibbis diametro triplo sesqui longioribus.* Nob. Algæ.

Hab. Ad frondes *Sphærococci Chauvini*, Bory, in portu Callao lectum.

Fila sex lineas ad pollicem alta, versicoloria ab ima basi capillari ramosa. *Rami* primarii a basi orti, elongati, alterni, patenti-adscendentes, per totam longitudinem distiche et ad quodque geniculum hinc productum ramos secundarios emittentes flexuosos pinnatos, pinnulis ultimis confertiusculis fastigiato-corymbosis. *Articuli* fili primarii diametro triplo longiores, hinc ad genicula gibbosi, cæterum cylindrici, pinnularum autem duplo tantum vel sesqui-longiores. *Genicula* pellucida subobliqua. *Capsula*..... *Color* roseo viridi flavoque variegatus. Articulus baseos frondis unus vel alter evidenter striatus. *Substantia* membranacea, tenerrima. Chartæ aut vitro arctissime adhæret.

Obs. A part ses dimensions, notre algue a beaucoup de conformité avec les descriptions ou les figures des synonymes que j'ai cités. La grandeur des individus observés n'est point un obstacle à ce rapprochement, car *omne magnum fuit in origine parvum*. Ce qui semblerait prouver que nos échantillons n'ont pas acquis le complément de leur développement, c'est que d'une part la fructification ne s'y remarque point encore et que de l'autre on rencontre sur le même support (le *S. Chauvini*) des individus dont la hauteur varie entre une ligne et un pouce. Malgré cela, la forme générale de la fronde n'étant pas tout à fait celle qu'ont donnée de leur Céramiée, Smith, dans l'*English Botany*, et Lyngbye, dans son *Hydrophytologie*; comme d'ailleurs notre *Callithamnion* se rapproche davantage sous ce rapport du *C. corymbosum*, Ag., auquel je l'aurais sans doute rapporté, si la longueur moindre des articles, la division tout autre des rameaux secondaires, l'absence de bifurcation des pinnules et surtout la couleur bigarrée ne s'y étaient impérieusement opposées, je me suis vu dans la nécessité d'en donner une description détaillée. J'en aurais même volontiers donné une figure, si celles que l'on m'a accordées ne dépassaient pas déjà le nombre fixé pour les plantes cellulaires.

Enfin, notre *Callithamnion* a aussi quelque ressemblance avec le *C. scopulorum*, Ag. Ils se conviennent surtout par la dimension et la ramification générale, qui représente un petit arbrisseau; mais, dans plusieurs de nos échantillons, les rameaux inférieurs, partant du filament principal, sont plus rapprochés l'un de l'autre que ceux qui naissent dans le haut de la plante, ce qui est tout à fait contradictoire avec ce que Lyngbye dit de son *C. roseum*, var. β *tenue*, dont M. Agardh a fait son *C. scopulorum*. Et d'ailleurs la diaprure des filamens est un caractère important qui ne se retrouve point dans l'espèce de l'auteur du *Systema algarum*. Cette dernière, dont je possède des échantillons authentiques, a du reste un port plus grêle et des filamens plus délicats que notre espèce. J'ai rapporté avec doute le synonyme de la Flore du Brésil, parce que la figure citée par M. Martius ne peut en aucune manière convenir à ce que je donne ici, ou plutôt à ce que je prends pour le *C. versicolor*.

Algæ. Bonnemaison, dans son *Mémoire sur les Hydrophiles loculées*, inséré parmi ceux du Muséum d'histoire naturelle de Paris (1825), donne pour synonyme de son *Ceramium Dudresnayi*, la *Conferva purpurascens*, Huds., que M. Agardh rapporte, lui, au *Callithamnion versicolor.* Je ne me charge pas de mettre ces deux auteurs d'accord entr'eux et avec la nature; tout ce que je puis dire, c'est que mon Algue du Pérou n'a rien de commun avec la plante de Bonnemaison, dont je possède un échantillon reçu de sa propre main.

Nota. Il faut bien se garder de prendre pour des fructifications une Diatomée? singulière qui recouvre les branches et les rameaux de cette Céramiée. Elle consiste en sphérules fragiles, hyalines, dans le centre desquelles on aperçoit une agglomération de globules très-petits.

CALLITHAMNION PLANUM, Montag.

Botanique, 2.° part., pl. VII, fig. 3.

C. filis (an collapsu?) *planis pluries dichotomo-ramosis, ramis ultimis pinnatis, pinnis iterum dichotomis, supremis elongatis incurvis obtusissimis difformibus, apicem ramuli subabortivi superantibus; articulis fili primarii diametro decuplo, ramorum duplo longiores, pinnularum tandem subæqualibus.* Cent. Pl. cell. exot. nouv., *loc. cit.*, p. 350.

Hab. Ad Valparaiso regni chilensis legit cl. d'Orbigny.

Fila quatuor pollices longa, quartam lineæ partem lata, an collapsu? plana s. ancipitia nec aquæ immersione denuo teretia, epidermide granulosa vestita et muco obducta, a basi dichotoma. *Rami* ultimi pinnati, pinnis vel dichotomis vel unam alteramve pinnulam emittentibus, ultimis tandem falcatos accipitrium ungues quasi æmulantibus, elongato-incurvis scilicet obtusis apicem ramuli abortientis superantibus. *Articuli* in filo primario decuplo, in ramis duplo diametro longiores, in pinnulis tandem diametrum subæquantes, cylindrici, limbo hyalino amplo notabiles. *Genicula* pellucida. *Fructus* : 1.° *Capsulæ* in axillis pinnularum sessiles, globosæ, margine hyalinæ, massam sporaceam purpuream striis tribus ad quatuor obscurioribus notatam includentes; 2.° *Conceptacula* urceolata duplicem fili diametrum superantia ad ramos secundarios brevi pedicello affixa, aliquot gongylos ovoideos vel pyriformes foventia; 3.° ? tandem receptacula? ex iisdem ramis orta, lanceolata obtusa (claveformia) vel acuta (siliquæformia) continua s. obscure articulata, gongylos? purpureos confertos a basi ad apicem sensim decrescentes, sæpius duplici serie dispositos includentia, quæ tamen ut prolificationes potissimum nuncupanda sunt. *Color* sub lente roseo flavoque variegatus. *Substantia* quasi gelatinosa, tenerrima. Chartæ vel vitro tenaciter adhæret.

Obs. Cette espèce, remarquable tant par l'aplatissement ou le collapsus de ses filamens que par les trois formes sous lesquelles se présentent ses moyens de reproduction, m'a semblé mériter une mention particulière et une figure analytique, bien qu'il soit extrêmement à regretter que l'échantillon unique qu'a rapporté M. d'Orbigny, et que nous avons fait représenter tel qu'il était encore fixé au papier, n'ait pas permis, vu son mauvais état de conservation, d'en donner une description et une figure meilleures, plus dignes, en un mot, des suffrages des phycologues.

Le filament principal de cette algue a un quart de ligne de largeur; il est aplati et une coupe transversale montre qu'il a la forme d'une épée à deux tranchans. L'immersion prolongée dans l'eau n'a pu lui faire reprendre la forme cylindrique qu'il avait peut-être avant d'être desséché. Toute la plante est comme gélatineuse; elle est du moins enduite d'un mucus glutineux abondant, au moyen duquel elle s'attache si fortement au papier, que, quand, après l'avoir humectée, on veut l'en détacher, elle en emporte une couche fort épaisse, dont il devient difficile de la nettoyer. La tige est dichotome et les derniers rameaux sont seuls chargés de pinnules irrégulières et dont la conformation des dernières, si toutefois elle est normale, est fort caractéristique. Elles ressemblent, en effet, aux serres d'un oiseau de proie auxquelles on aurait arraché les ongles. Cette singularité, jointe à la forme des filamens et aux trois sortes de moyens de reproduction, suffit du reste pour empêcher qu'on ne confonde cette espèce avec aucune autre.

Explication des figures.

Pl. 7, fig. 3. *a, Callithamnion planum* de grandeur naturelle et tel qu'il se montre étendu sur le papier; *b,* extrémité d'un rameau grossie, où l'on voit dans les aisselles des dernières pinnules les capsules sphériques qui y sont sessiles; *c,* article d'un rameau secondaire du milieu duquel part une sorte de prolification en forme de silique. (Nota. On en trouve aussi de lancéolées aiguës, assez semblables à ce qu'a représenté M. Duby, dans la figure 4 de la planche III de son second Mémoire sur les Céramiées; mais je n'ai pu les faire figurer, parce que je ne les ai observées que récemment et en étudiant de nouveau la plante pour la décrire.) On voit en *d* un conceptacle urcéolé, ouvert et comme tronqué à son sommet, porté par un pédicelle très-court, qui part du milieu d'un rameau. Ce conceptacle était encore à moitié rempli de gongyles ovoïdes ou pyriformes, fait assez notable et qui mérite de nouvelles observations.

CALLITHAMNION CLANDESTINUM, Montag.

Botanique, 2.e part., pl. VII, fig. 2.

C. filis cæspitosis arachnoideis irregulariter ramosissimis, ramis intricatis ramulisque remotis adscendenti-strictis; articulis diametro quintuplo subduplo longioribus. Cent. Pl. cell. exot. nouv., *loc. cit.*

An. *C. arachnoideum*, Ag., *Spec.*, II, p. 181?

Hab. Ad fila et præsertim in axillis ramorum *Confervæ fascicularis*, Mert., parasitat.

Fila 2 lineas ad semipollicem longa, ramosissima, tenerrima, arachnoidea, in cæspitem oculo nudo fere inconspicuum congesta. *Rami* primarii elongati, intricati, sed sub

Algæ. aqua facile explicabiles, secundarii brevissimi uno vel altero articulo constantes, sæpe capsulas sessiles et terminales æmulantes. *Articuli* inferiores diametro quintuplo sextuplo, superiores vix duplo longiores. *Genicula* pellucida aut etiam obscura. *Color* cæspitis amœne roseus, filorum tam pallide roseolus ut sub microscopio incolores videantur. *Substantia* tenerrima, tamen satis firma; fila enim quo usus sum tractu quidem perquam levissimo ad extricanda, non dilacerabam. Chartæ vitroque cum *Conferva fasciculari* cui insidet bene adhæret.

Obs. Faute de figures ou d'échantillons authentiques, je ne saurais prononcer si cette Algue diffère spécifiquement du *Callithamnion arachnoideum*, Ag., dont elle pourrait bien être le jeune âge. Malgré toute l'attention dont je suis capable et une observation plusieurs fois répétée, je n'ai pu m'assurer si les derniers ramules, dressés et resserrés contre la tige, sont ou ne sont pas des conceptacles.

Explication des figures.

Pl. 7, fig. 2. *a*, touffe de *Callithamnion clandestinum* parasite sur un rameau du *Conferva fascicularis*, Mert., dessinée plus grande que nature; *b*, un filament grossi à trois cents diamètres.

Nota. Lorsque j'ai dit, dans le *Sertum patagonicum*, que les sections transversales et longitudinales de la tige du *Macrocystis Orbigniana* offraient une amplification de cent quatre-vingts fois leur diamètre, c'eût été le lieu de mentionner la distance de l'axe du microscope composé horizontal, à laquelle était placée la table où ces dessins ont été calqués au moyen de la *camera lucida*. Saisissant l'occasion de réparer une omission qui rendrait impossible la vérification de mes observations, je préviens les personnes qui désireraient s'assurer de leur exactitude, que la tablette que j'emploie à cet usage est placée à une distance de 25 centimètres (à peu près 9 pouces) du centre de l'oculaire du microscope.

POLYSIPHONIA DENDROIDEA, Montag.

Botanique, 2.ᵉ part., pl. V, fig. 1.

P. filis compressis inordinate decomposito-ramosis, tripinnatis; ramis distichis corymboso-fastigiatis, articulis diametro triplo brevioribus multistriatis. Fructu..... Cent. Pl. cell. exot. nouv., *loc. cit.*, p. 353.

Hab. Ad Polyporios flexiles et Fucaceas varias legerunt clar. Gaudichaud ad littora chilensia et d'Orbigny in portu Callao in Peruvia, secundum specimina mecum communicata.

Fila aggregata triuncialia et ultra, compressa, seta porcina crassiora, a basi scutulo Polypariis affixa, ramosissima. *Rami* alterni, *primarii* patentes, elongati iterum distiche ramoso-tripinnati, *secundarii* autem confertiores, subfasciculati, fastigiato-corymbosi. *Pinnulæ* brevissimæ, subulatæ, patenti-erectæ. *Articuli* diametro triplo, ad originem ramorum pinnarumque quadruplo breviores, venis 5-9 longitudinalibus s. striis pulcherrime notati. *Color* fusco-purpureus, tandem basi inprimis nigrescens, *ramulorum juniorum* vel luci obversorum, vel microscopio subjectorum, amœne roseus. *Substantia rigida,* sicca fragilis. Ambitus arctissime, filum primarium laxe chartæ adhæret.

Obs. Dans le *Sertum patagonicum*, à l'occasion du *Polysiphonia dendritica*, Ag., j'ai annoncé que je décrirais plus tard une autre espèce de la même section, digne de considération tant par sa grandeur que par l'élégance de son port; c'est de l'algue que je viens de décrire qu'il était question. En comparant bien attentivement la description et la figure que j'en ai données avec celles des deux espèces voisines, les *P. parasitica*, Grev., et *P. pennata*, Nob., je me flatte que les caractères de mon espèce ressortiront au premier coup d'œil. Mais pour les personnes qui ne posséderaient ni Lyngbye, ni l'*English Botany*, je vais indiquer en deux mots à quels signes on pourra distinguer sûrement ces trois plantes l'une de l'autre. Les filamens sont simplement pennés dans le *P. pennata*, bipennés dans le *P. parasitica*, et quadripennés dans le *P. dendroidea*. En outre, les articulations sont du double moins longues que larges et contiennent deux à trois stries dans le premier, un peu plus courtes que larges et marquées du même nombre de stries dans le second, et enfin, dans le troisième, n'offrent qu'une longueur trois ou quatre fois moindre que la largeur, quoique dans cette même largeur on compte souvent jusqu'à neuf veines séparées par autant de stries. J'ajouterai encore que dans le *P. dendroidea* le filament principal, considéré absolument, a une largeur double ou triple de celui des deux autres, c'est-à-dire près d'une demi-ligne de diamètre. Somme toute, je pense que cette algue est suffisamment distincte de ses congénères de la même tribu.

Dans les aisselles des pinnules supérieures j'ai observé des espèces de tubercules orbiculaires, sessiles, divisés par des stries en trois portions, environnées chacune d'un limbe transparent et contenant des granules semblables à ceux dont sont farcis les ramules à leur sommet. J'ai vu en outre, surtout dans les individus avancés en âge, des filamens hyalins simples ou bifurqués, renfermant, sur une ou deux rangées, des granules ou gongyles? roses. Ces filamens occupent l'extrémité des rameaux, ou bien sont épars çà et là le long de ceux-ci. Je serais tenté de regarder les tubercules comme de véritables conceptacles. L'auteur de l'*English Botany* les avait lui-même aperçus dans une autre espèce de cette tribu. Quant aux filamens hyalins, je ne saurais, après y avoir mûrement réfléchi, les tenir pour autre chose que pour de simples prolifications ou végétations sur place, comme on en voit dans un grand nombre de Céramiées et comme on peut le remarquer particulièrement en *c*, dans la figure 3 de la planche 7, qui représente le *Callithamnion planum*. Ces filamens ne peuvent d'ailleurs être assimilés aux fibres en pinceau qui terminent les rameaux de plusieurs espèces de ce genre. Au reste, ce moyen de propagation, pour être anormal dans quelques espèces, pourrait bien dans celle-ci remplacer le mode ordinaire de fructification. Ne peut-on pas, en effet, concevoir qu'un de ces filamens hyalins, contenant en lui-même tous les élémens d'un nouvel individu, venant à se détacher de la plante mère et à tomber sur un corps qui lui fournisse un point d'appui favorable, continue à se développer et à reproduire la plante tout aussi bien qu'aurait pu le faire, par la germination, un gongyle tombé d'un conceptacle? Y a-t-il en effet d'autre différence entre ce même gongyle et le filament en question, sinon que ce dernier n'est que le premier qui a germé sur place? Ne pourrait-on pas aussi, sans pousser trop loin l'analogie, le regarder comme le cayeu d'une bulbe, comme une sorte de gemme prolifique, assimilable à celles des mousses et des hépatiques, susceptible ici comme dans les phanérogames, et encore bien mieux, de reproduire l'individu? Y a-t-il même autre chose que des gemmes ou quelque chose d'analogue aux gemmes dans les agames, qui toutes sont privées de vraies semences et partant d'embryon?

J'avais indiqué ces particularités dans mes analyses, mais le défaut d'espace s'est opposé à ce qu'elles fussent insérées dans les planches; chose que je regrette fort, parce que je les crois de quelque importance pour la physiologie, si peu avancée, des plantes de cette famille.

Est-ce que les *anthéridies* observées par M. Agardh, dans son *Hutchinsia amentacea*, sont autre chose qu'une forme pédicellée des filamens dont il vient d'être parlé? J'ai en effet vu sur le même rameau des espèces de réceptacles hyalins contenant aussi des granules roses, et qui ne me semblent différer que par l'absence d'un rétrécissement ou pédicelle, de ceux que décrit le célèbre phycologue suédois.

Explication des figures.

Pl. 5, fig. 1. *a*, *Polysiphonia dendroidea* de grandeur naturelle; *b*, un des derniers rameaux grossi.

POLYSIPHONIA STRICTA? Grev.

P. filis ramosissimis capillaribus ramisque virgatis erectis strictis, articulis inferioribus obsoletis, mediis diametro duplo longioribus, superioribus subbrevioribus.

Hab. Ad Callao in Peruvia cum *Polysiphonia camptoclada* permixtam hanc speciem legit cl. d'Orbigny.

Fila palmaria et ultra, capillaria, attenuata, ramosissima, dichotoma. *Rami* virgati erecti stricti, axillis acutis. *Ramuli* alterni, supremi subfastigiati subfibrillosi. *Articuli* inferiores obsoleti, medii diametro duplo longiores, ramorum et ramulorum sensim breviores, venis quatuor striati. *Genicula* inferiora obscura tumidula, superiora pellucida. *Color* roseo-purpureus exsiccatione basi nigrescens. *Fructus* : 1.° Capsulæ obovatæ, dein ovatæ brevi-pedicellatæ, solitariæ vel binatæ, lateri ramorum exteriori affixæ, vel juniores alternæ, in axillis ramulorum sitæ, tandem apice truncato fibrilloseque disrupto gongylos pyriformes ellipticosve subpedicellatos emittentes; 2.° *Antheridia* (Ag.) numerosa ex articulis ramulorum superioribus alternatim enata, clavæformia, pellucida, granulosa.

Obs. C'est avec quelque doute que je rapporte cette espèce au *Polysiphonia stricta*, Grev., dont elle a le port serré et la ramification. La forme de la capsule est assez semblable à la figure qu'a donnée de cet organe M. Duby, dans la planche II de son second Mémoire sur les Céramiées. Malgré cela, la longueur des segmens ou articles, qui dans ma plante n'arrive jamais à en mesurer cinq fois le diamètre, me laisse indécis sur l'identité de l'espèce. Bonnemaison dit bien, à la vérité, que dans son *Grammita adhærens*, qu'il a réuni plus tard à cette espèce sous le nom de *Grammita stricta*, les filamens sont partagés par des cloisons en segmens deux ou trois fois plus longs que larges; mais il ajoute que, dans les rameaux, ces mêmes segmens acquièrent une longueur qui dépasse cinq fois le diamètre, chose que je n'ai jamais observée dans mon *Polysiphonia*. Je répugne pourtant à séparer cette algue du type dont je la rapproche ici. La figure de Dillwyn (*British Confervæ*, t. 40) donne parfaitement le port de ma plante; mais les détails ne cadrent plus aussi bien. J'ai dû mettre sous les yeux des phycologues les observations que j'ai été dans le cas de faire; je les laisse ensuite tout à fait libres de séparer ce que j'ai réuni.

Quant à la fructification, les capsules, comme je viens de le dire, ressemblent à celles qu'a figurées M. Duby, dans son second Mémoire sur les Céramiées, et un peu aussi à celles que Lyngbye donne comme propres à son *Hutchinsia violacea*, tab. 35 *B*, de son *Hydrophytologia danica*. Mais ma plante est loin d'avoir la ramification et la longueur des articles qui distinguent cette dernière espèce. Elle se rapproche beaucoup plus par ses segmens deux fois seulement plus longs que larges de l'*Hutchinsia amentacea*, Ag., dont les capsules ne sont pas encore connues. Il n'y aurait en effet, d'après la description, d'autre différence entre cette dernière espèce, si elle est bonne, et la mienne, que dans le nombre des stries des articles. Mais, n'ayant pas d'échantillon authentique de l'algue publiée par le célèbre auteur suédois, je me garderai bien de porter un jugement définitif à l'égard de l'identité de ces espèces.

POLYSIPHONIA CAMPTOCLADA, Montag.

Botanique, 2.ᵉ part., pl. V, fig. 2.

P. filis laxe dichotomis roseo-purpureis flavo variegatis subfastigiato-corymbosis, ramis virgatis ramulisque primo erectis strictis, demum patenti-recurvis, articulis fili primarii diametro sesqui triplo longioribus, ramorum duplo triplove, ramulorum tandem multoties brevioribus. Cent. Pl. cell. exot. nouv., *loc. cit.*, p. 352.

Hab. Ad littora maris pacifici Peruviam alluentis, præsertim in portu Callao a clar. d'Orbigny lecta.

Fila spithamæa minoraque setacea, sensim in crassitiem capillarem attenuata, a basi dichotoma, axillis acutis. *Rami* ramosissimi, longissimi, fastigiato-subcorymbosi, *secundarii* in planta juniori vel in parte superiori stricti, in adulta vero ut et in parte inferiori patenti-recurvi. *Ramuli* eodem modo ac rami dispositi. *Articuli* inferiores diametro sesqui triplo longiores, medii dein subtriplo breviores fiunt, supremi tandem brevissimi multoties longitudinem latitudine superant. *Venæ* aut striæ paucæ 4-6 apparent. *Fructus: Stichidia* seu globuli 2-4 in ramulis supremis, inde tumidis, seriati. *Color* plantæ junioris

Algæ. roseo-purpureus, adultæ et imprimis sub lentæ visæ flavo viridique variegatus. *Substantia* basi cartilaginea, superne tenerior non autem membranacea. Chartæ optime adhæret.

Obs. Par ses formes, notre espèce est voisine des *Hutchinsia amentacea, corymbifera* et *furcellata*, Ag., dont elle se distingue sur-le-champ par la brièveté de ses articles, plus voisine encore de l'*H. breviarticulata*, Ag., à cause de ce dernier caractère; mais elle diffère de toutes ces espèces par ses rameaux et ses ramules recourbés en dehors et en bas, disposition remarquable d'où j'ai tiré le nom spécifique et qui donne à cette algue un port très-distinct. Elle a, enfin, avec l'*H. amentacea* une conformité de plus qu'avec les trois autres; c'est la couleur bigarrée de ses filamens adultes. Ce dernier caractère et la longueur des articles empêcheront de la confondre avec le *Polysiphonia* (*Hutchinsia*, Ag.) *patens*, Nob.

Explication des figures.

Pl. 5, fig. 2. *a*, *Polysiphonia camptoclada* de grandeur naturelle; *b*, sommité d'un rameau grossie.

POLYSIPHONIA FASTIGIATA, Grev.

Conferva polymorpha, *Fl. Dan.*, t. 395; Dillw., t. 44; *Fucus lanosus*, L., *Syst. nat.*, 2, p. 718 (*ex* Ag.); *Ceramium polymorphum*, DC., Fl. Fr., 2, p. 45; *C. fastigiatum*, Roth, *Cat. Bot.*, III, p. 157; *Hutchinsia fastigiata*, Ag., *Syn.*, p. 53; Lyngb., t. 33; *Polysiphonia fastigiata*, Grev.; *P. polymorpha*, Duby, *Bot. gall.*, p. 965; *Grammita fastigiata*, Bonnem.; Desmaz., *Crypt. exsic.*, n.° 254.

Hab. Ad littora peruviana prope Cobijam cum *Sphærococco fragili* lecta.

CHONDRIA (Laurencia) PINNATIFIDA, Ag.

Fucus pinnatifidus, L., Turn., *Hist.*, *T.* 20; *Laurencia pinnatifida*, Lamx., Essai, p. 42; Grev., *Alg. Brit.*, p. 108, tab. 14.

Hab. In mari pacifico, sed locus incertus.

Obs. Cette espèce paraît différer un peu des formes que l'on trouve habituellement sur nos côtes. Elle est ramifiée dès la base, bi- et tripennée, à rameaux alternes. Les derniers sont courts, pistilliformes et souvent prolifères, soit du sommet lui-même, soit un peu au-dessous. L'échantillon est decoloré par son séjour hors de l'eau.

HALYMENIA LEIPHÆMIA, Montag.

Botanique, 2.e part., pl. VI, fig. 2.

H. fronde tenuissima a basi stipitata filiformi ramosa, in laminas obovatas vage fissas amœne roseas expansa, marginibus segmentorum pallidis undulatis. Cent. Pl. cell. exot. nouv., *loc. cit.*, p. 354.

Hab. Ad littora chilensia prope Valparaiso a cl. du Petit-Thouars lecta.

Frons triuncialis et ultra. *Stipes* filiformis fili emporetici crassitudinem adæquans, statim a basi ramosis et in laminas plures lineares expansus sensim dilatatas, obovatas, vage et irregulariter fissas, quibus nervi parum conspicui rudimentum inest. *Segmenta* obovata 3-4 lineas lata, apice ampliata, varie fissa, laciniis rotundatis undulatis et crispis. *Fructus :* maculæ sparsæ sporidia (s. gongylos) intensius colorata 3-4 congesta ovato-angulata continentes. *Color* stipitis intense purpureus, laminarum intense roseus marginis segmentorum autem pallidus. *Substantia* stipitis crassa cartilaginea, laminarum membranacea tenuissima. Chartæ arcte adhæret.

Obs. Cette espèce a un facies qui lui est propre et que je n'ai rencontré dans aucune de ses congénères. La décoloration des bords ondulés de la fronde dans l'espace de quatre à cinq lignes est un caractère qui semble constant, puisque je l'ai observé non-seulement sur tous les échantillons rapportés par M. du Petit-Thouars, mais encore dans ceux de la belle collection de M. Bory de Saint-Vincent. Aussi ai-je tiré de ce caractère le nom spécifique que j'ai donné à ma plante, et qui lui convient d'autant mieux qu'il exprime métaphoriquement la pâleur causée par une lipothymie. Il est possible, en effet, que dans l'état de vie la fronde de cette algue soit complétement rose et que sa décoloration n'ait lieu, dans des limites qui paraissent constantes, que par suite de l'action des circonstances atmosphériques. L'espèce de tige filiforme rameuse d'où naissent les lames ne pénètre sous forme de nervure que bien peu profondément dans celles-ci, et ce rudiment de nervure est si peu saillant qu'à peine s'y laisse-t-il apercevoir. Une section transversale montre pourtant que la partie moyenne des lames est plus saillante vers le point où elles naissent du stipe, et qu'elles ont la forme d'une épée à deux tranchans dans une certaine étendue. Je ne connais aucune autre espèce de ce genre à laquelle je puisse la comparer. Quoiqu'elle ait quelque ressemblance avec certaines Dawsonies de Lamouroux, son port et sa couleur ont quelque chose de si essentiellement distinct, que toute confusion avec d'autres espèces devient impossible.

Explication des figures.

Pl. 6, fig. 2. *a, Halymenia leiphæmia* de grandeur naturelle. Le stipe de cet échantillon, qui du reste était le plus complet et le plus beau, avait été coloré en vert par son séjour hors de l'eau. Dans l'état normal il est d'une couleur pourpre foncé. *b,* portion de la fronde grossie pour montrer sa structure et les sporidies ou gongyles qui naissent épars dans son épaisseur.

† HALYMENIA? DORYPHORA, Montag.

H. fronde coriaceo-membranacea palmato-fissa integerrima, segmentis acutissime lanceolatis undulato-crispis spiraliter tortis!

Hab. In Oceano pacifico, ad oras Peruviæ, prope Callao, legit cl. du Petit-Thouars.

Radix..... *Frons* a basi plana lineari angustissima substipitata, mox in *Segmenta*,

Algæ. plurima triuncialia lanceolata acutissima undulata spiraliterque torta palmato-fissa. *Fructus* ignotus. *Color* violaceo-purpureus. *Substantia* coriaceo-membranacea. Chartæ adhæret.

Obs. Quoique je sois incertain du genre dans lequel cette algue viendra un jour se ranger, je n'ai pas dû passer sous silence une forme si digne par sa nouveauté de fixer l'attention des phycologues. Je n'ai pu, en effet, sur l'unique échantillon mis à ma disposition, trouver le moindre rudiment de fructification, et ce n'est que d'après son facies et par analogie seulement que je l'ai placée parmi les Halyménies, bien qu'elle puisse tout aussi convenablement militer dans la tribu *Rhodymenia* du genre *Sphærococcus*. M. J. Agardh, à qui j'ai montré cette algue dans la collection de M. d'Orbigny, l'ayant aussi regardée comme une nouvelle espèce, m'a confirmé dans le dessein que j'avais déjà formé de la mentionner.

HALYMENIA PALMATA, Ag.

Fucus palmatus, L., Turn., *Hist.*, t. 115; *Ulva palmata*, DC. et Lyngb.; *Delesseria palmata*, Lamx., Ess., p. 38; *Halymenia palmata*, Ag., *Syn.*, p. 35; *Spec.*, I, p. 204; *Rhodomenia palmata*, Grev., *Alg. Brit.*, p. 93.

Hab.? Ad littora chilensia juxta portum Valparaiso lectum.

HALYMENIA VARIEGATA, Bory.

H. lamina lobato-fissa, laciniis vage bi- seu tripinnatifidis, extremitatibus dilatato-laceratis. Bory, Coq., p. 179, pl. 14.

H. frondibus membranaceis tenuissimis a basi filiformi cuneata nuda vel lineari pinnatifida sursum subdichotomis, segmentis dilatatis (raro æqualibus) margine fimbriatis. Nob.

Hab. Ad littora chilensia juxta Valparaiso clarr. Bertero, d'Orbigny et du Petit-Thouars legerunt.

Obs. Cette charmante espèce paraît propre aux parages dans lesquels ont été recueillis les échantillons qui ont servi de type à mon savant ami M. Bory, pour la décrire et la peindre. Il paraîtrait, d'après la figure au-dessus de tout éloge qu'il en a donnée, que ce phycologue n'a eu à sa disposition que des individus dont la couleur normale, qui est d'un rouge sanguin, avait été altérée par un séjour plus ou moins prolongé à l'air libre ou par la macération dans l'eau douce. Les échantillons qui nous ont été communiqués par les trois voyageurs que je viens de citer, présentaient presque tous une belle couleur purpurine, plus foncée dans le bas des frondes et passant au rose vers le sommet, surtout dans les très-jeunes individus. De là l'impropriété de certains noms spécifiques pris de caractères fugaces, impropriété qu'ont au reste à se reprocher généralement tous ceux qui ont établi des genres ou des espèces en histoire naturelle, qu'il est souvent fort difficile d'éviter et qu'il m'appartient sans doute moins qu'à qui que ce soit de blâmer, quoique j'en signale ici les inconvéniens. Si jamais nom fut applicable à une espèce, c'est bien certainement à celle-ci que devait appartenir l'épithète de *fimbriata*. Elle est en effet déchiquetée en une multitude de lanières ou appendices, absolument comme le *Sphærococcus fimbriatus*, dont elle n'a pas à la vérité la consistance cartilagineuse, mais dont pourtant la rapproche beaucoup son mode de fructification.

Algæ.

M. Bory n'a vu, dans les échantillons qu'il a figurés, qu'une des deux espèces de fructification de cette algue, celle que M. Gaillon nomme *anthospermique* et que Lamouroux appelait *capsulaire*. J'ai trouvé l'autre espèce sur quelques-uns des exemplaires qui m'ont été communiqués, je veux dire la fructification conceptaculaire. Celle-ci ressemble assez bien au dessin que M. Suhr a donné de cette sorte de fructification du *Sphærococcus fimbriatus* dans la figure 12 de la planche 2 de ses algues nouvelles du Cap, publiées en 1825 dans le *Flora* ou Gazette botanique de Ratisbonne. Cette figure montre en *i* des conceptacles situés principalement près du bord de la fronde et contenant une grande quantité de granules ovales ou pyriformes. Dans ma plante les conceptacles occupent également les bords de la fronde ou l'aisselle des rameaux, quelquefois les lanières en lesquelles ceux-ci se divisent au sommet. Une section verticale de l'un d'eux m'a montré une cavité sphérique, remplie de gongyles roses ou purpurins, variables, selon leur degré de développement, entre la forme globuleuse et la forme gigartine, qui semble être l'état parfait, mais tous beaucoup plus gros que dans les conceptacles de même sorte propres aux espèces du genre *Halymenia*. D'après ces caractères notre algue ne devrait-elle pas être rejetée dans la tribu *Rhodymenia* du genre *Sphærococcus*? Mais c'est un soin que je laisse aux algologues qui traiteront à l'avenir de la famille des algues dans son universalité. Je dois encore ajouter que les formes multipliées sous lesquelles se présente cette jolie Floridée, peuvent toutes se ranger sous les trois sections ou catégories qui suivent.

1.° *Frondibus circumscriptione triangularibus, e basi filiformi cuneato-dilatatis, dichotomis, laciniis late linearibus, fastigiatis, margine apiceque fimbriatis;*

2.° *Frondibus e basi cuneata nuda, demum circumscriptione orbicularibus, undique lacinias dilatatas congestas undulatas apice tenuissime fissas emittentibus;*

3.° *Frondibus e basi lineari circumscriptione semiorbicularibus, in lacinias obovatas margine et apice fimbriato-subdenticulatas subdivisis.*

HALYMENIA FURCELLATA, Ag.

Halymenia furcellata β cartilaginea? Ag., *Spec.*, I, p. 213; Suhr, *Alg. Cap. in Flora.*

Hab. Ad oras peruvianas Oceani pacifici circa Cobijam a cl. d'Orbigny lecta.

Obs. Malgré sa forme hétéroclite, l'échantillon que j'ai sous les yeux en ce moment ne me semble pas pouvoir être rapporté à une autre espèce de ce genre, auquel notre algue appartient évidemment. C'est aussi le sentiment de M. J. Agardh, et il est pour moi d'un grand poids. Les fructifications consistent en tubercules très-petits, purpurins, épars sur les deux côtés des divisions de la fronde. Ces tubercules ne sont point

Algæ. régulièrement orbiculaires; on en voit d'elliptiques, d'irréguliers, mais tous contiennent une grande quantité de granules (*sporidia*) d'un rose violet ou purpurin, dont la forme et la grandeur varient beaucoup, selon leur degré de maturité. La forme normale paraît la sphérique, qui devient gigartine par la mutuelle pression à laquelle ils sont soumis dans le sporange. La fronde est plusieurs fois dichotome et les dernières divisions sont assez rapprochées pour paraître comme fasciculées. La couleur est altérée dans nos échantillons, probablement par un séjour assez prolongé à l'air libre avant la préparation. Elle est verte, tandis que la couleur normale, qui persiste sur quelques points, est d'un rouge foncé. La plante adhère intimement au papier sur lequel elle est étendue. Ses bords y forment une légère saillie. Plusieurs frondes, partant d'une même base, indiquent que cette algue croît par touffes plus ou moins volumineuses.

IRIDÆA LAMINARIOIDES, Bory.

I. laminarioides (juvenilis) spathulata integerrima, adulta in laminam elongatam lanceolatam expansa inferne fissa. Bory, Hydroph. de la Coq., p. 105, tab. 11, fig. 1.

Hab. Oceani pacifici ad oras prope Callao specimina hujusce speciei legit clar. d'Orbigny.

Obs. Ce genre, établi par mon savant ami Bory de Saint-Vincent sur des espèces de thalassiophytes, appartenant aux *Halymenia* et aux *Sphærococcus* de M. Agardh, et remarquables surtout par les belles couleurs irisées qu'elles reflètent dans la mer, a été admis avec beaucoup d'autres par M. Greville, dans une nouvelle classification des algues, qu'il a placée, sous le nom de *Synopsis generum Algarum*, en tête de son livre intitulé : *Algæ britannicæ*. Ce caractère réunissant des algues que séparent d'autres considérations plus importantes, mais surtout la forme des sporidies, je ne pense pas qu'il soit appuyé sur de bonnes bases, si la fructification doit entrer du moins pour quelque chose dans une classification méthodique.

IRIDÆA CORDATA, Bory.

Fucus cordatus, Turn., *Hist.*, t. 116; *Halymenia cordata*, Ag., *Spec.*, I, p. 201; *Iridæa cordata*, Bory, *loc. cit.*, p. 104; Grev., *Alg. Brit.*

Hab. Ad littora chilensia prope Valparaiso lecta.

PLOCAMIUM VULGARE, Lamx.

Fucus coccineus, Huds., L., Turn., *Hist.*, t. 59; *F. plocamium*, Gmel., *Fuc.*, t. 16, fig. 1; *Ceramium plocamium*, Roth; *Plocamium vulgare*, Lam., Essai, p. 50; Grev., *loc. cit.*; *Plocamium coccineum*, Lyngb., t. 9; *Delesseria plocamium*, Ag., *Spec.*, 1, p. 180; Mart., *Fl. Bras.*, 1, p. 42.

Obs. Si, comme je le disais tout à l'heure, on désire constituer les genres sur le mode de fructification, et nul doute que ce ne soit le moyen de rapprochement le plus naturel des espèces analogues, on ne peut se dispenser d'admettre celui-ci tel qu'il a été primitivement fondé par Lamouroux, et plus solidement établi encore par Lyngbye et Greville. Et d'abord, l'organisation de la fronde et sa ramification sont différentes de celles de toutes les autres espèces de Delesseries. Cette différence consiste en ce que les derniers rameaux sont pectinés et souvent cloisonnés au sommet. D'un autre côté, la fructification, quoique double, comme dans le genre auquel M. Agardh réunit le *Plocamium*, s'écarte pourtant sous plusieurs rapports des formes qu'on rencontre le plus ordinairement dans les Delesseriés. Ainsi, 1.° on observe des conceptacles ou sporanges sphériques, sessiles sur le bord des frondes, au centre desquels sont agglomérées des sporidies globuleuses ou ovales, contenant dans une sorte de kyste transparent un assez grand nombre de granules roses, plus volumineux que ceux dont nous allons parler; 2.° sur l'extrémité pectinée des rameaux on voit d'autres granules ou espèces de gongyles uni- ou bisériés, contenus dans la fronde elle-même, qu'ils rendent cylindrique, que Lyngbye a représentés arrondis et qui paraissent tels, en effet, à une faible loupe, mais qui, plus grossis, sont comprimés par leur rapprochement d'avant en arrière ou en deux sens opposés tant qu'ils restent captifs, et ne prennent la forme orbiculaire que quand ils sont devenus libres. C'est donc à tort que les auteurs disent qu'ils sont nus ou superficiels. Ces gongyles, d'une autre nature que les premiers, mais susceptibles comme eux de propager la plante, ainsi que le prouvent les intéressantes observations de M. J. Agardh, n'offrent point de limbe transparent, et sont tout à fait farcis d'une immense quantité de grains roses infiniment petits.

Quant aux formes (*P. confervaceum*, Bory, *P. procerum*, Suhr, etc.), qu'on a séparés de l'espèce vulgaire, je ne sais vraiment sur quel caractère on peut les distinguer spécifiquement avec quelque certitude. Cette charmante algue est tellement variable, même sur nos côtes, qu'il n'est pas du tout étrange que l'influence de quelques circonstances atmosphériques dépendantes de la latitude où elle vit, lui impriment des modifications qui changent son *facies*, sans en apporter pourtant dans ses principaux caractères qui soient de nature à mériter quelque considération.

SPHÆROCOCCUS (CHONDRUS) CRISPUS, Ag.

Fucus crispus, L., *Mant.*, p. 134; Lamx., *Dissert.*, p. 1; *Ulva crispa*, DC., Fl. fr., II, p. 13; *Chondrus polymorphus*, Lamx., Ess., p. 39; *Ch. crispus*, Lyngb.; *Hydroph.*, p. 15; Grev.: *Syn. gen. alg.*, p. 4; *Sphærococcus crispus*, Ag., *Syn.*, p. 24; *Spec. alg.*, I, p. 256.

Var. β Planus: *segmentis semper magis magisque dilatatis planis obtusis.* Lamx., Diss., tab. 1, fig. 1; Esper, t. 143.

Hab. In Oceano pacifico littora chilensia peruvianaque alluente prope *Cobija* et *Valparaiso* lectus.

Algæ. Var. ζ Patens : *fronde canaliculata, dichotoma segmentis patentibus, apicibus obtusis.* Lamx., *loc. cit.*, tab. XII, fig. 28.

Hab. In iisdem cum præcedente locis.

SPHÆROCOCCUS (Chondrus) CANALICULATUS, Ag.

S. canaliculatus, Ag., *Spec.*, I, p. 260; *Chondrus canaliculatus*, Grev., *loc. cit.*, p. 4.

Hab. In iisdem locis cum *Sphærococco furcellato* lectus.

Obs. Comme l'observe très-judicieusement M. Agardh, cette algue ne diffère que bien peu de la précédente, qui est susceptible de revêtir tant de formes diverses. Le caractère tiré de ce que la fronde se creuse en gouttière par l'inflexion de ses bords, ne me semble pas avoir une grande valeur, puisque nous retrouvons la même conformation dans certaines formes européennes du *Chondrus polymorphus.* Ce qui en a beaucoup plus, à mon avis, c'est la forme des sporanges et la place qu'ils occupent. En effet, ils sont situés pour la plupart près des bords de la fronde, quoique nous devions convenir qu'on en trouve aussi dans le reste de son étendue. Une coupe verticale de l'un de ces conceptacles, en y comprenant la fronde, représente assez bien celle d'une apothécie de lichen légèrement saillante ou à peine *podicillée.* Resserrés un peu en col à leur base, ces sporanges forment une transition entre ceux de l'espèce précédente et ceux du *Sphærococcus mamillosus*, qui sont tout à fait pédicellés. Vers la fin de la vie de la plante ils sont percés à leur sommet d'un pore qui s'élargit insensiblement et livre passage à des sporidies pâles et elliptiques.

SPHÆROCOCCUS (Chondrus) FURCELLATUS, Ag.

S. fronde plana coriacea bi-trichotoma, segmentis linearibus, axillis acutiusculis obtusisve, apicibus attenuato-obtusis, sporangiis sphæricis ellipticisve in fronde semiimmersis. Nob.

Hab. In Oceano pacifico prope Aricam peruvianorum cl. d'Orbigny et prope Valparaiso B. Bertero legerunt.

Radix callus exiguus. *Frondes* cæspitosæ, palmares, spithameæ, irregulariter dichotomæ, trichotomæ, rarius subpinnatæ, segmentis et subsecundis aut fasciculatis, omnibus autem vix lineam latitudine attingentibus, supremis attenuatis sed non acutis, axilla acutiuscula. *Fructus* : *Sporangia* copiosa, sphærica vel elliptica, in fronde immersa, sed utrinque prominula, sporidiis referta minutissimis subrotundis roseis poro tenuissimo tandem eructaturis. *Substantia* coriaceo-cartilaginea tenuis. *Color* purpureo-violaceus (in speciminibus Orbignianis) vel purpureo-badius (in Berteroanis), *exsiccatæ* nigrescens, apicibus exceptis, qui semper purpurei remanent.

Obs. Si l'on ne voyait cette algue que dans son état de dessiccation, si surtout l'on négligeait d'apporter une attention suffisante à la forme et à l'organisation des conceptacles, il serait bien facile de la confondre avec plusieurs variétés du *Sphærococcus crispus*, auxquelles elle ressemble au premier coup d'œil. Ses sporanges, que j'ai eu l'avantage d'observer et que M. Agardh n'avait pu décrire, parce que les échantillons rapportés par M. de Humboldt en étaient dépourvus, suffisent pour séparer complétement cette espèce de celle avec laquelle je viens de dire qu'elle avait quelque similitude. En effet, dans le *S. crispus*, le sporange, hémisphérique, ne fait saillie que d'un côté de la fronde, l'autre côté présentant ordinairement un léger enfoncement à l'endroit correspondant; dans le *S. furcellatus*, au contraire, il fait saillie des deux côtés de la fronde. Dans le premier, en outre, les sporidies, comparées sur des échantillons de dimension égale, ont un volume quatre ou cinq fois plus grand que dans le second. Enfin, notre algue adhère assez fortement au papier, caractère qui est étranger au *S. crispus*.

SPHÆROCOCCUS (Chondrus) FRAGILIS, Ag.

Botanique, 2.ᵉ part., pl. VI, fig. 4.

S. fronde tereti-compressa dichotoma lineari rigida cartilaginea, axillis rotundatis, apicibus obtusis, sporangiis poro pertusis torulosa.

Hab. In Oceano pacifico littora peruviana alluente prope Cobijam in eodem cæspite cum *Polysiphonia fastigiata*, Grev., lectus.

Radix deest. *Frondes* cæspitosæ, unciales, longiores, filiformes, compressæ, penna passerina vix crassiores, ad dimidium simplices, tum dichotomæ, axillis rotundis. *Rami* patentes, capsulis s. sporangiis torulosi, furcati, apicibus obtusis. *Fructus* : *Sporangium* poro pertusum intra substantiam frondis nidulans, sphæricum, centro demum vacuo. *Sporidia* minutissima clavæ-vel pyriformia, dilute violacea, filamento brevi subpedicellata, placentæ floccosæ periphericæ affixa. *Substantia* cartilaginea, rigida, fragilis. *Color* violaceus, exsiccatione nigrescens. An hujus generis?

Obs. Quoique les caractères que j'ai attribués à cette espèce s'écartent quelque peu de la description qu'en a faite M. Agardh, les échantillons du Pérou ressemblent par tant de points à ceux du cap de Bonne-Espérance rapportés par M. Gaudichaud et nommés par le savant algologue suédois, que je ne saurais les rapporter à une autre. Je dois pourtant dire que la couleur de ma plante n'est pas tout à fait celle indiquée par M. Agardh comme propre à son *S. fragilis*. Mais, à part cette circonstance que je crois peu importante, je ne trouve plus aucune différence essentielle. La fructification, que n'avait pas vue l'auteur du *Species algarum*, est très-remarquable; aussi l'ai-je fait figurer. Malheureusement, faute de place, elle n'a pu l'être ni avec assez de détails, ni à un assez fort grossissement. Les sporidies pyriformes pédicellées rapprochent cette plante du *S. coronopifolius*. Il y a pourtant cette différence immense entre elles, que dans le dernier les sporidies ont leur pédicelle tourné vers le centre du glomérule qu'elles forment dans le sporange, tandis que dans le *S. fragilis* ce même pédicelle est fixé à la paroi du conceptacle, c'est-à-dire dans une direction complètement opposée.

Explication des figures.

Pl. 6, fig. 4. *a*, *Sphærococcus fragilis* de grandeur naturelle; *b*, rameau grossi qui montre les nodosités ou renflemens formés par les fructifications; *c*, coupe transversale d'un rameau : au niveau d'un sporange on voit que de tous les points de la face interne de celui-ci naissent des séminules en forme de massue, qui y sont attachées par un court filament.

SPHÆROCOCCUS (Rhodymenia[1]) LACINIATUS, Lyngb.

Fucus ciliatus, Gmel., *Fuc.*, t. 21, fig. 1; *F. laciniatus*, Huds.; Turn., *Hist.*, t. 69; *Sphærococcus laciniatus*, Lyngb., *Hydr.*, p. 12, t. 4; Ag., *Spec.*, I, p. 397; *Rhodomenia laciniata*, Grev., *loc. cit.*, p. 18; *Delesseria laciniata*, Mart., *Fl. Bras.*, I, p. 41.

Hab. In Oceano pacifico ad oras peruvianas juxta Callao a cl. d'Orbigny lectus.

Var. δ, Centrocarpus, Montag. : *fronde primaria sublanceolata obtusa e margine prolifera, laciniis cuneatis iterum proliferis; sporangiis sphæricis in ipso margine vel in processibus marginalibus undique spinulosis seu cristatis. An species?*

Radix callus minutus, *Frons* primaria lanceolata, 2 poll. longa, 4 lin. lata, ex utroque margine denticulato ut et apice laminas cuneatas vel ovato-lanceolatas, obtusas, margine iterum proliferas emittens. *Sporangia* sphærica prope marginem frondi vel in processibus parvulis cristatis nonnunquam undique spinulosis immersa (pro ratione plantæ sat crassa), sporidiis seu gongylis numerosissimis, quam in typo majoribus, ovalibus, ellipticis pyriformibusque, roseis, non autem exacte sphæricis referta. *Color* sanguineo-purpureus, *marcescentis* pallens vel lutescens. *Substantia* membranacea, chartæ arcte adhæret.

Forma media inter *Sphærococcum ciliatum* (*Fucus holosetaceus*, Gmel.) et *S. laciniatum*. A priori sporangiis sæpius in ipso frondis margine, non autem in apice ciliorum immersis, ab altero autem præsertim divisione frondis. An specifice differt?

Obs. Cette algue a un port si différent des formes analogues de nos côtes que j'étais tenté de l'en séparer. J'étais d'ailleurs confirmé dans cette idée par la position des conceptacles qu'on rencontre aussi souvent dans la fronde près de son bord que dans les processus qui naissent de ce même bord. Ceux-ci sont en outre hérissés de pointes épineuses que je n'ai pas vues dans les échantillons européens de cette floridée. J'ai pris le parti de la décrire et je l'aurais aussi volontiers fait figurer, sans les raisons dont j'ai déjà parlé. Cette jolie plante croît dans les mêmes touffes que l'*Halymenia leiphæmia*, dont la description précède. Pour mieux faire voir l'étymologie, j'ai cru devoir modifier le nom de tribu d'après les mêmes principes qui ont dirigé M. Agardh dans la composition de celui d'*Halymenia*.

---

1. *Rhodymenia* melius legitur. Vox autem e radicibus ῥόδον et ὑμήν formata, *membranam roseam* significans.

SPHÆROCOCCUS (Rhodyménia) CORALLINUS, Bory.

Sphærococcus palmetta ε australis! Ag., *Spec.*, I, p. 246; *Sphærococcus corallinus*, Bory, Coq., p. 175, t. 16, *eximia*; *Rhodomenia corallina*, Grev., *Syn. alg.*, p. 18.

Hab. In Oceano pacifico ad Callao de Lima.

Obs. Notre plante a été vue par M. Agardh fils, qui m'a assuré que l'espèce de M. Bory de Saint-Vincent avait effectivement pour synonyme dans le *Species algarum* le nom que j'ai cité au commencement de cet article. C'est au reste une de ces espèces si variables, qu'aucune phrase, aucune figure ne peut en fixer les caractères. Il suffit pourtant de l'avoir vue une fois dans tout son luxe de formes pour ne jamais l'oublier. Bien que je reconnaisse avec le savant phycologue suédois l'étroite analogie qui unit cette algue au *Sphærococcus palmetta*, je ne puis cependant me refuser à reconnaître que son *facies* offre quelque chose d'indéfinissable sans doute, mais pourtant de distinct, que rend très-bien l'admirable figure qu'en a donnée le spirituel cryptogamiste français auquel nous devons l'Hydrophytologie de la Coquille. Aucun des échantillons assez nombreux rapportés par notre voyageur ne nous a offert de sporanges, qui, au reste, sont également assez rares sur le *S. palmetta* de notre littoral. On pourrait diviser en plusieurs tribus les formes multipliées sous lesquelles se présente cette algue; mais comme ce serait prendre un soin superflu, je me contenterai de dire que souvent les sommets ou les dernières divisions de la fronde sont toutes fimbriées et comme déchiquetées en lanières soit rhopaloïdes, soit cunéiformes et émarginées, soit, enfin, filiformes ou linéaires, comme nous le voyons dans le *S. fimbriatus* et l'*Halymenia variegata*. Cette espèce a été trouvée à Callao au Pérou, localité d'où M. Agardh avait aussi reçu les échantillons de sa variété *australis* du *S. palmetta.*

SPHÆROCOCCUS (Rhodymenia) CHAUVINI, Bory.

Sphærococcus Chauvini (Bory, Coq., p. 165, t. 20): *membranaceus, polymorphus confuse pinnatus, pinnulis elongatissime dentato-pinnatifidis vage dispositis, margine aut superficie fructiferis.*

Hab. In portu Callao Peruviæ a cl. d'Orbigny et prope promontorium *Cap Horn* dictum a cl. navarcho Dumont d'Urville lectus.

Obs. La beauté des formes, l'élégance du port, la vivacité de la couleur purpurine qui distinguent cette espèce, la rendent l'une des plus belles de la famille des algues. Elle a quelque analogie avec le *Fucus jubatus*, L., mais dans celui-ci les cils sont filiformes, plus longs et rameux. Elle semble une forme intermédiaire et australe entre les *S. Teedii* et *ciliatus*, ce qui n'empêche pas qu'on ne doive la considérer comme une espèce tout à fait distincte. Je l'ai aussi reçue de M. Chauvin sous le nom de *Delesseria formosa*. Ce n'est point une Delesserie, comme l'a du reste fort judicieusement observé

Algæ. M. Bory, mais bien un *Sphærococcus*, ce qui n'aurait pas échappé au phycologue de Caen, s'il eût vu notre Algue chargée de ses nombreux conceptacles.

SPHÆROCOCCUS (GIGARTINA) TEEDII, Ag.

Fucus Teedii, Turn., *Hist.*, t. 208; *Ceramium Teedii*, Roth, *Cat.*, III, p. 108, t. 4, *bona*; *Fucus pistillatus*, var. *B*, Lamx., Diss., t. 28; *Gigartina Teedii*, *ejusd.* Ess., t. 4, fig. 11; *Rhodomenia? Teedii*, Grev., *loc. cit.*, p. xlix.

Hab. In easdem oras cum sequenti.

SPHÆROCOCCUS (GIGARTINA) CHAMISSOI, Ag.

Fucus Chamissoi, Mert., mss. in Herb. Cham. ex Ag.; *Sphærococcus Chamissoi*, Ag., *Spec.*, 1, p. 218; *Icon. alg.*, t. 6; Mart., *Fl. Bras.*, 1, p. 34; *Icones select. crypt.*, t. 3, fig. 1; Bory, Coq., p. 168; *Gracilaria Chamissoi*, Grev., *loc. cit.*, p. liv.

Hab. Ad littora peruviana juxta Callao lectus.

SPHÆROCOCCUS (GIGARTINA) MUSCIFORMIS, Ag.

Fucus muscoides, Forsk.; *F. musciformis*, Wulf. in Jacq., *Coll.*, III, p. 154, t. 14, fig. 3; Turn., *Hist.*, t. 127; *Fucus spinulosus*, Esper, *Fuc.*, t. 34; Delile, Fl. d'Égypte, p. 151, t. 57, *eximia*; *Hypnæa musciformis* et *spinulosa*, Lamx., Ess., p. 43 et 44; Grev., *loc. cit.*, p. lix.

Hab. Cum præcedente aliquot specimina commixta inveni.

SPHÆROCOCCUS (GIGARTINA) PLICATUS, Ag.

Fucus plicatus, L.; *Ceramium plicatum*, Roth; *Gigartina plicata*, Lamx., Ess., p. 48; Lyngb., *Hydroph.*, p. 42; Grev., *loc. cit.*, p. lviii; *Sphærococcus plicatus*, Ag., *Spec.*, I, p. 313.

Hab. In Oceano pacifico ad oras Peruviæ juxta Callao specimen unicum sed fructiferum lectum.

OBS. Les némathèces, dont j'ai observé que les rameaux de notre algue étaient couverts, sont hémisphériques et composés de filamens en massue allongée, rayonnant du centre à la circonférence, rameux, cloisonnés, pellucides, à articles ou plutôt à macules roses oblongues, car le tube transparent qui contient celles-ci paraît continu et tout à fait semblable à celui qui constitue les thèques ou les utricules dans les Champignons et les Lichens. J'ai cru reconnaître dans l'échantillon unique que j'ai sous les yeux une variété, sinon identique, du moins voisine par sa forme générale de celle mentionnée sous la lettre δ dans le *Species* du professeur suédois. Il s'écarte du moins par son port, de même que par ses rameaux fastigiés et non entremêlés, des formes propres aux échantillons de nos côtes.

SPHÆROCOCCUS (Gelidium) RAMULOSUS, Mart.

Sphærococcus ramulosus : fronde cartilaginea purpurascenti-rosea vage et multifariam ramosa, ramis primariis compressis, ramulis sparsis teretiusculis bidentatis bifurcis aut denticulatis, sporangiis lateralibus hemisphæricis. Mart., *Fl. Bras.*, I, p. 36; *Icon. select. crypt.*, t. 3, fig. 2.

Hab. In Oceano atlantico juxta Rio de Janeiro a cl. d'Orbigny lectus. *Herb. Mus. Par.*, n.os 42 et 46.

DELESSERIA BIPINNATIFIDA, Montag.

Botanique, 2.e partie, pl. VI, fig. 1.

D. fronde tenuissime membranacea costata lineari e margine bipinnatim prolifera, pinnis lineari-lanceolatis nervosis patenti-erectis.

Hab. In mari pacifico Regnum chilense alluente prope Valparaiso legit cl. d'Orbigny.

Frondes planæ, lineares, 4-6 unciales, lin. 2 latæ, costa validiori percursæ, basi utrinque fissæ vel lacero-runcinatæ, bi-tripinnatim e margine non autem e costa proliferæ, pinnis pinnulisque lineari-lanceolatis, nervosis, hinc inde subdentatis, supremis interdum congestis vel fasciculatis. *Fructus* unius tantum generis observatus, sporophylla scilicet ovato-lanceolata, evidentius dentata, marginalia, soros oblongos ferentia. *Color* frondis primarii, an marcescentis? virescens, pinnarum pulchre roseus exsiccatione in roseo-sanguineum vergens. *Substantia* membranacea tenerrima. Chartæ arctissime adhæret.

Obs. Au premier coup d'œil nul doute qu'un observateur peu attentif ou peu exercé ne prenne cette charmante espèce d'un des plus beaux genres de Thalassiophytes, pour le *Delesseria hypoglossum*, dont elle a en effet le port. Mais, si l'on y regarde d'un peu plus près, on verra sur-le-champ qu'elle en est fort distincte. Le caractère qui fera reconnaître notre plante, consiste en ce que la division de ses frondes, au lieu de se faire par la nervure, se fait par les bords, qui sont ainsi souvent jusqu'à trois fois prolifères. Les rameaux ou pinnules du sommet des frondes sont souvent aussi, comme on le voit dans la figure, réunis en plus ou moins grand nombre et comme fasciculés. Nulle espèce de ce genre n'est ni plus élégante, ni mieux caractérisée.

Explication des figures.

Pl. 6, fig. 1. *a*, *Delesseria bipinnatifida* de grandeur naturelle; *b*, une des pinnules de la fronde un peu grossie, où se voient deux *sori* ou groupes de gongyles; *c*, une petite portion de cette même pinnule encore plus grossie, pour montrer les mailles celluleuses du réseau et les sporidies ou gongyles.

Algæ.

DELESSERIA PHYLLOLOMA, Montag.

D. fronde tenuissima avenia oblonga e margine prolifera, ramentis subpedicellatis basi rotundatis, apice vage fissis, lobis emarginatis, soris in disco frondis sparsis.

Hab. Ad oras Peruviæ prope Callao ubi a cl. du Petit-Thouars detecta.

Radix seu callus deest. *Frons* membranacea, plana, avenia, oblonga, 2-3 pollicaris, unciam lata, foraminulis rotundis crebris pertusa, ex toto margine et imprimis apice prolifera. *Ramenta* pedicellata e basi subrotunda cuneato-dilatata, apice integra aut fissa, lobis sæpius emarginatis obtusis. *Fructus :* Capsulæ hemisphæricæ per frondem et ramenta sparsæ, solitariæ. *Color* roseus, *marcescentis* viridis. *Substantia* membranacea, *ramentorum* tenuissima, *frondis* crassior. Chartæ arcte adhæret.

Obs. J'avais d'abord regardé l'unique échantillon que nous possédons de cette plante comme une variété de l'*Halymenia palmata*, dont elle représente assez bien le mode de division prolifère de quelques individus de nos côtes. Toutefois, un examen plus attentif, et surtout la comparaison microscopique des frondes des deux espèces, m'a montré une structure intime si différente, que force m'a été de les séparer. Parmi les espèces du genre *Delesseria*, auquel appartient évidemment cette algue et par son organisation et par sa fructification, il n'en est aucune qui lui ressemble. Ses conceptacles ont bien l'aspect de ceux du *D. Gmelini*, Lamx., et sa fronde principale est d'ailleurs percée aussi de trous arrondis d'un millimètre de diamètre, qui résultent de la chute des capsules; mais la division de cette même fronde est tout autre et ressemble davantage, comme je l'ai dit plus haut, à celle de quelques variétés de l'*Halymenia palmata*. N'en possédant qu'un échantillon, je ne voulais d'abord pas en faire une espèce nouvelle. J'avais en effet à craindre que les caractères et la description que j'en donne ne s'appliquassent pas assez exactement aux autres individus qu'on en pourra récolter par la suite. Cependant, M. J. Agardh l'ayant vue chez moi dans la collection de M. d'Orbigny et m'ayant encouragé à la publier, je n'ai pas cru pouvoir mieux faire que de me ranger à son avis éclairé.

† DELESSERIA PERUVIANA, Montag.

D. fronde elongata basi cuneata nervosa bis bifida, segmentis lanceolatis acutis, soris in disco frondis sparsis.

Hab. Ad Callao a cl. d'Orbigny lecta.

Frons membranacea, e basi stipitata cuneata, nervosa, sensim dilatata, in laminam tenuissimam roseam late lanceolatam bifidam expansa, segmentis longe lanceolatis acutis. *Sori* conferti vix autem aliter quam lentis ope conspicui, totam frondem occupantes, seminibus parcis. *Color stipitis* fusco-purpureus, *laminæ* roseus. *Substantia* membranacea tenuis. Chartæ, non stipes, sed lamina arcte adhæret.

Algæ.

Obs. Je n'ai point dû passer sous silence une forme aussi remarquable de ce genre, bien que l'exemplaire unique de la collection ne me permit guère soit d'établir les rapports de cette algue avec ses congénères, soit d'en tracer une description qui ne laissât rien à désirer. C'est aussi la raison qui m'a dissuadé d'en donner une figure.

DELESSERIA PUNCTATA? Ag.

D. fronde tenuissima avenia cuneata dichotoma, segmentis ultimis obtusis; soris in disco frondis sparsis.

Hab. Ad oras chilenses prope Valparaiso lecta.

Frons semipedalis, a basi attenuata cuneata sensim dilatata ad latitudinem palmarem, bis terve dichotoma, axillis subacutis, segmentis erectis, ultimis vage fissis obtuseque lobatis. Sori copiosissimi totam frondem occupantes, subrotundi ellipticive perexigui. An diversa species et genuina ut affirmat cl. J. Agardh autoptus?

Obs. Voici encore une Algue dont il n'a été rapporté qu'un seul échantillon. Peut-être, comme le veut M. J. Agardh, est-ce une espèce distincte. Mais comment décider la question, quand on ne possède qu'un individu, dont encore il manque quelques lignes de la base et le point d'attache? Je possède d'ailleurs dans mon herbier un échantillon originaire de nos côtes, que j'ai reçu de feu Bonnemaison sous le faux nom de *Delesseria ocellata,* mais appartenant évidemment au *D. punctata,* et qui est si voisin par sa forme générale de l'Algue du Chili, que véritablement je ne saurais comment les distinguer.

DELESSERIA LACERATA, Ag.

Fucus laceratus, Gmel., *Fuc.*, t. 21, fig. 4 (*non bona*), Linn; Turn., *Hist.*, t. 68 (*optima*); *Chondrus laceratus*, Lyng., *loc. cit.*, p. 18; *Delesseria lacerata*, Ag., *Spec.*, I, p. 184; *Dawsonia lacerata*, Bory, Coq.; *Nitophyllum*[1] *laceratum*, Grev., *Syn. alg.*, p. xlviii.

Hab. Ad oras peruvianas juxta portum Callao hanc speciem legit cl. d'Orbigny.

ACROPELTIS, Montag., *Nov. gen.*

Char. essent. Semina pyriformia in apotheciis clypeiformibus terminalibus nidulantia.

Char. nat. *Radix* scutulata. *Caulis* filiformis in frondem mox explanatus. *Frons* linearis eamdem latitudinem ubique servans, margine denticulata vel ciliata, apice modo truncata et tum e medio truncaturæ prolifera, modo rotundato-ampliata speciem ferens peltæ cui gongyli immersi. *Fructus: Semina* pyriformi-clavata primum omnino intra frondis substantiam immersa, tandem erumpentia prominula et scutulam orbiculatam in quam frondes desinunt, scabrosulam reddentia.

---

1. Mot hybride qu'on ne saurait admettre, puisqu'il pèche contre les règles établies, et au lieu duquel je propose *Aglaophyllum*, dont la signification est la même.

ACROPELTIS CHILENSIS, Montag.

Botanique, 2.ᵉ part., pl. VI, fig. 3.

A. fronde lineari plana subsimplici vel basi filiformi tantum ramosa, margine denticulata, apice truncato interdum prolifera, peltis gongyliferis terminalibus.

Hab. Ad oras chilenses circa Coquimbo a cl. du Petit-Thouars detecta.

Caulis filiformis undique frondes emittens congestas, intricatas, biunciales, lineam latas, planas, margine denticulatas, ecostatas vel obsolete costatas in peltam orbicularem quam ipsa frons paulo majorem, primo planam, demum fructificatione absoluta transversim conduplicatam, desinentes. *Fructus* jam antea descriptus. *Color* frondis viridis (an aeri expositione?), peltarum et seminum roseus! *Substantia* coriaceo-cartilaginea crassa aut membranacea tenuis. Chartæ vix adhæret.

Obs. Notre Algue a de grands rapports avec le *Delesseria conferta*, Ag., espèce de la Nouvelle-Hollande, dont nous devons une bonne description et une bonne figure à Turner. Je pense même que quand la fructification de cette plante sera connue, elle viendra, ainsi que le *Delesseria ramentacea*, Ag., se ranger dans mon nouveau genre.

Explication des figures.

Pl. 6, fig. 3. *a*, *Acropeltis chilensis* de grandeur naturelle; *b*, sommet peltifère grossi, d'une division ou lanière de la fronde, qui porte en *c* une espèce de bouclier ou palette orbiculaire, à la face supérieure de laquelle sont placés les gongyles; *d*, la moitié de cette même palette beaucoup plus grossie; *e*, portion de la surface gongylifère considérablement amplifiée; *f*, coupe selon l'épaisseur de cette surface où l'on voit la position qu'occupent les gongyles avant leur saillie à la surface. Cette dernière figure est dessinée à un assez fort grossissement.

ALGÆ OLIVACEÆ, J. Ag.

ZONARIA (Dictyota) DICHOTOMA, Ag.

Ulva punctata, L.; *U. dichotoma*, E. B., t. 774; Lyngb., *Hydroph.*, t. 6; Mart., *Fl. Bras.*, I, p. 22; *Dictyota dichotoma*, Lamx., Ess., p. 58; Grev., *Alg. brit.*, p. 57, t. 10.

Hab. Ad littora peruviana circa Cobijam lecta cum sequente.

ZONARIA (Dictyota) SCHRŒDERI, Ag.

Ulva Schröderi, Mert. in Mart., *Fl. Bras.*, I, p. 21; *Icones select. crypt.*, t. 2, fig. 3; *Dictyota Schröderi*, Grev., *Syn. gen. alg.*, p. xliii.

LESSONIA FUSCESCENS, Bory.

L. flavicans, caule subarboreo cylindrico, ramis compressis, foliis ovato-linearibus subdenticulatis, flavicantibus. Bory, Coq., p. 75, t. 2, fig. 2, et t. 3.

Hab. Ad littora chilensia prope Valparaiso lecta.

MACROCYSTIS HUMBOLDTI, Ag.

Fucus Humboldti, Bonpl., *Pl. æquin.*, II, p. 7, tab. 68, fig. 1, et *Fucus hirtus*, *loc. cit.*, p. 9, tab 69, fig. 1; *Laminaria pomifera*, Lamx., Ess., p. 22; *Macrocystis Humboldti*, Ag., *Syst. alg.*, p. 293; *M. pomifera*, Bory, Coq., p. 94, t. 9; Grev., *loc. cit.*, p. xxxvii.

Hab. Ad portum Callao peruviæ a cl. d'Orbigny lecta.

DESMARESTIA HERBACEA, Lamx.

Fucus herbaceus, Turn., *Hist.*, t. 99; *Sporochnus herbaceus*, Ag., *Spec.*, 1, p. 159; *Desmarestia herbacea*, Lamx., Ess., p. 25; *D. Dresnayi*, Lamx., Dict. class. d'hist. nat., tom. 5, p. 439, t. 2, non *Dresnagi* ut in Duby Bot. Gall. errore typographico perperam legitur, mera est varietas.

Hab. Ad littora chilensia prope Valparaiso a Bertero lecta.

DESMARESTIA PERUVIANA, Montag.

Botanique, 2.^e^ part., pl. V, fig. 3.

D. fronde plana membranacea ecostata margine dentata tripinnata, pinnis pinnulisque oppositis lanceolatis.

Hab. In littore Peruviæ juxta Callao detectam communicavit cl. du Petit-Thouars.

Radix.... *Frons* quincuncialis vel parum ultra, tripinnata, a basi filiformi mox plana, linearis, lineam lata, apice iterum attenuata, omnino enervis, margine denticulata, denticulis brevibus oppositis sursum versis. *Pinnæ* jugamento similes, oppositæ, circumscriptione lanceolatæ, basi attenuatæ, dentatæ, obtusæ, *primariæ* biunciales, *secundariæ* 6-8 lineas tantum longæ. *Pinnulæ* seu tertii ordinis lineares bilinearesve, anguste lanceolatæ, margine plumuloso-fibrosæ, fibris pinnato-ramosis articulatis, ramulis oppositis secundisve. *Fructus* adhuc ignotus. *Color* viridi-olivaceus. *Substantia* membranacea chartæ arctissime adhæret.

Species pulchra, totius generis minima nec cum ulla alia comparanda.

Obs. Les moyens de reproduction des espèces de ce genre tel qu'il a été circonscrit par Lamouroux et M. Greville, doivent-ils être cherchés ailleurs que dans les filamens confervoïdes que forment les sortes de pinceaux qui terminent les derniers rameaux de la plante ?

Explication des figures.

Pl. 5, fig. 3. *a*, *Desmarestia peruviana* de grandeur naturelle; *b*, une pinnule de second ordre; *c*, extrémité d'une pinnule de troisième ordre où l'on peut voir qu'outre les filamens articulés et rameux qui en garnissent les bords, l'extrémité elle-même de cette pinnule est d'abord striée transversalement, puis sensiblement articulée. Ces deux dernières figures sont grossies à des degrés différens.

SARGASSUM DIVERSIFOLIUM, Ag.

S. diversifolium β integerrimum, Ag., *Syst.*, p. 304; an *S. stenophyllum*, Mart., *Fl. Bras.*, I, p. 67?

Hab. In Oceano atlantico ad oras Brasiliæ prope Rio de Janeiro a cl. d'Orbigny lectum.

Observations géographiques.

Qu'on ne s'attende pas à trouver ici un traité complet de géographie phycologique. Loin d'offrir une masse de faits suffisante, la science des algues est encore trop peu avancée sur ce point, pour qu'il soit possible de présenter un tableau achevé des productions végétales sous-marines, comparées soit entre elles, soit avec les localités qui les ont vues naître. Le nombre évidemment très-restreint des espèces recueillies par M. d'Orbigny, en y ajoutant même celles découvertes par M. du Petit-Thouars, pouvant nous fournir tout au plus la matière d'une simple esquisse, nous devons renoncer à l'espoir de nous élever à quelques vues générales sur le sujet en question.

Lamouroux, dans le Dictionnaire classique d'histoire naturelle, a posé les bases d'une géographie botanique des hydrophytes, et M. Bory, marchant sur les traces de son savant ami et compatriote, a lui-même fait faire un grand pas à cette science, toute nouvelle encore, par des considérations générales sur le même sujet, publiées dans son *Hydrophytologie de la Coquille.* Depuis lors je ne connais, en phycologie géographique, que la brochure de M. J. Agardh, intitulée *Novitiæ Floræ Sueciæ ex Algarum familia*, etc., dans laquelle ce savant établit certaines lois relatives aux régions sous-marines qu'occupent les diverses tribus de cette nombreuse famille.

M. d'Orbigny a parcouru tout le littoral de l'Amérique méridionale compris entre le Brésil et l'embouchure du Rio negro d'une part, et de l'autre, depuis Valparaiso jusqu'à Callao. Les mêmes parages avaient été déjà visités par beaucoup d'autres voyageurs, et, pour ne citer ici que nos compatriotes,

M. Gaudichaud avait, à deux reprises différentes, suivi la même route et recueilli des thalassiophytes sur ces mêmes côtes. Celles du Chili et du Pérou avaient aussi offert à MM. Lesson et Gaymard une ample moisson des plus belles comme des plus rares Hydrophytes, qui ont fourni à mon savant ami, M. Bory, l'occasion de publier le plus magnifique ouvrage qui ait paru sur l'algologie depuis celui de Turner, qu'il laisse même bien loin derrière lui, sinon pour les descriptions, au moins sous le rapport iconographique. Algæ.

Après de semblables voyages, entrepris dans le but spécial d'explorer tous les points des rivages où l'on abordait, il était difficile à un naturaliste dont les études n'avaient point été particulièrement dirigées vers la botanique, d'ajouter encore de nouvelles richesses végétales en ce genre, à la masse de celles que ses devanciers, plus favorisés par les circonstances, avaient déjà amassées. C'est pourtant ce qu'a fait M. d'Orbigny, au zèle duquel, sous ce rapport, la science est infiniment redevable. Sur soixante-six Algues recueillies pendant son voyage, vingt espèces sont entièrement nouvelles. L'une d'elles m'a même offert dans sa fructification des caractères qui m'ont paru suffisans pour autoriser la création d'un nouveau genre parmi les Floridées. Ce résultat inespéré s'explique au reste assez bien, soit par la fertilité très-grande due à la température élevée dans les mers équatoriales, soit par le petit nombre d'explorateurs exercés dans ce genre de recherches, qui ont visité ces régions si riches en belles Floridées. Nul doute qu'un phycologue expérimenté, qui habiterait ces contrées, n'y fît chaque jour de nouvelles et importantes conquêtes, surtout s'il se bornait à l'étude de cette seule famille. Mais, en général, les voyageurs naturalistes qui font des collections de thalassiophytes, non-seulement ignorent, pour la plupart, les localités précises où chaque espèce aime à vivre de préférence et jusqu'à la manière même de les recueillir et de les préparer pour l'étude, mais ont encore tant d'autres objets de nature diverse à rechercher, tant de belles et curieuses plantes phanérogames surtout, qui attirent leurs regards émerveillés, qu'il ne faut pas être surpris si cette branche de la botanique, loin de marcher l'égale des autres, est restée un peu en arrière. La mer est riche en végétaux : si les genres n'y sont pas très-variés, sans doute par suite de l'uniformité du milieu et des circonstances où ils vivent, elle abonde du moins en individus et ne le cède peut-être pas à la terre sous ce rapport. Mais il n'est pas donné à l'homme de sonder les profondeurs de ces abîmes, et un grand nombre de ces plantes lui demeureront bien certainement à jamais inconnues.

Pour revenir à mon sujet, sur les soixante-six Algues que renferme la col-

Algæ. lection de M. d'Orbigny, déposée au Muséum d'histoire naturelle de Paris, j'en trouve quinze appartenant à la tribu des Zoospermées, quarante-deux à celle des Floridées, et neuf seulement à celle des Olivacées. Chacune de ces tribus ou sous-familles se divise ensuite en Algues articulées et en Algues continues, planes ou tubuleuses. Parmi les quinze espèces de la première tribu, nous en trouvons onze qui font partie de la première subdivision ou des espèces filamenteuses articulées, et quatre qui appartiennent à la seconde ou aux espèces membraneuses continues. Les Floridées, considérées sous le même point de vue, nous offrent quinze Algues articulées et un peu moins du double, c'est-à-dire vingt-sept Algues continues. Enfin, les Algues olivacées, qui sont en bien petit nombre, puisqu'elles composent tout au plus la septième partie de la totalité des plantes de la famille en question, recueillies dans ce voyage, ne présente qu'une seule espèce articulée.

Dans ce nombre de soixante-six espèces, j'en ai cru pouvoir considérer vingt comme absolument nouvelles, et je les ai décrites avec toute la précision et toute l'exactitude dont je suis capable. Douze seulement sur ces vingt Algues inédites ont été figurées; mais nous avons fait représenter trois autres espèces qui ne l'avaient point encore été: ce sont le *Conferva fascicularis*, Mert., le *Polysiphonia dendritica*, et le *Sphacelaria callitricha*, Ag. A l'époque où les dessins ont été faits, j'ignorais complètement que M. Agardh avait donné une bonne figure de cette dernière espèce.

Je ne me suis pas borné à décrire les espèces nouvelles, j'ai décrit encore quelques espèces douteuses pour moi, parce que je n'en possédais pas de types dans ma collection, et que je ne les rapportais à des espèces déjà publiées, que sur une description ou incomplète ou qui ne s'accordait qu'imparfaitement avec les échantillons que j'avais sous les yeux. J'ose espérer que les phycologues ne me sauront pas mauvais gré des lumières que ces doubles emplois ne peuvent manquer de jeter sur l'histoire encore fort obscure de certaines espèces peu ou mal connues.

Abstraction faite des vingt espèces que je publie ici pour la première fois et qui jusqu'à présent sont propres aux lieux que M. d'Orbigny a visités, sur les quarante-deux restantes, sept ou huit n'ont encore été trouvées que sur les côtes du Chili et du Pérou, la plupart publiées par M. Bory, dans le Voyage de la Coquille; deux espèces sont communes au Brésil et au littoral chilien et péruvien de l'Océan pacifique : ce sont les *Conferva fascicularis* et *Zonaria Schraderi*; et trois tout à fait propres aux rivages de l'Océan atlantique : le *Sphærococcus ramulosus*, le *Codium decumbens* et le *Sar-*

gassum stenophyllum. Le *Sphacelaria callitricha* n'a encore été trouvé qu'aux îles Malouines ou sur la côte opposée de la Patagonie. Enfin, vingt-cinq espèces, dont six Zoospermées, dix-sept Floridées et deux Olivacées, sont communes à nos côtes et à celles de l'Amérique méridionale. Une observation que j'ai faite il y a déjà bien long-temps et que mes études sur les plantes cellulaires de Juan Fernandez ont confirmée, c'est qu'une grande analogie a lieu entre la végétation cryptogamique du cap de Bonne-Espérance et celle du Chili. Ainsi on trouve non-seulement des Algues communes aux deux pays, mais encore des Mousses et des Hépatiques et en assez grand nombre.

On remarque encore que ce sont les Floridées qui prédominent dans cette collection, et cela est conforme à l'observation déjà faite par Lamouroux, MM. Agardh et Bory, et confirmée par M. J. Agardh, que plus on s'avance vers l'équateur, et plus aussi prédominent dans la végétation sous-marine ces belles algues parées de brillantes couleurs où le rose domine, qui leur ont mérité le nom imposé par le premier de ces savans. Les Fucoïdées ne sont pour ainsi dire que pour mémoire dans le nombre que j'ai indiqué, mais il faut reconnaître toutefois que, si les espèces appartenant à cette tribu sont moins nombreuses dans ces climats, elles y atteignent des dimensions gigantesques qui établissent une sorte de compensation. Nous ne citerons pour exemple que le *Durvillæa utilis* et les espèces du genre *Macrocystis.* Il n'existe pas dans les mers qui baignent le pôle, où les Fucoïdées sont si abondantes, une seule espèce qui puisse leur être comparée sous ce rapport.

BYSSACEÆ, Fr.

COLLEMA MARIANUM, Pers.

C. marianum, Pers. in Gaudich., *Voy. Uran.*, p. 203; Montag., *Prodr. Fl.* Juan Fernandez, n.° 106; *C. atrovirens*, Delise, in litt. ad cl. Gaudich.

Hab.[1] Cum *Frullania hiante* parasitica, ad rupes locis humidis sylvarum, in montibus excelsis, inter *Chupé* et *Yanacaché* a cl. d'Orbigny lectum. Herb. Mus. Par., n.° 192.

COLLEMA BULLATUM, Raddi.

Lichen vesiculosus, *s. bullatus*, Sw., *Fl. Ind. occ.*, III, p. 1898 et 1987; *Collema bullatum*, Ach., *Lich. univ.*, p. 655, et *Synops.*, p. 325; Raddi in *Atti della Societa ital.*, vol. XVIII, p. 36, t. 4, fig. 2; *C. phyllocarpum!* Pers. in Gaudich., *Uran.*, p. 204; *C. bullatum*, var. *digitatum* (n.° 248), et var. *sertatum* (n.° 376); Eschw. in Mart., *Fl. Bras.*, I, p. 238 et 239.

Hab. Ad terram humidam collium, circa *Pucara*, in provincia *Valle grande* dicta, et ad arborum truncos in sylvis quibus nomen *Montes grandes* inditum est, in Bolivia, præfectura *Santa-Cruz.* Herb. Mus. Par., n.os 248 et 376.

---

1. Pour éviter d'inutiles et fastidieuses répétitions dans l'indication des localités occupées par les plantes que nous allons décrire ou dont nous nous contenterons *seulement* de constater la présence soit dans la province de Corrientes, soit dans la Bolivie, nous prions nos lecteurs de bien retenir les observations qui font l'objet de cette note.

La province de *Corrientes* fait partie de la république Argentine.

La Bolivie, que M. d'Orbigny a parcourue dans toutes ses directions et où il a fait les plus belles comme les plus intéressantes découvertes, est divisée en départemens, sortes de préfectures, subdivisées elles-mêmes en provinces, qui correspondent à nos arrondissemens ou sous-préfectures. On prendrait donc une fausse idée du mot *province*, si on lui donnait ici la signification toute différente qu'il a chez nous, où plusieurs départemens forment une de nos anciennes provinces.

Nous ferons encore remarquer une fois pour toutes que les provinces de Yungas, d'Ayopaya, et le pays des Yuracarès, sont situés sur le versant oriental des Andes boliviennes, dans ses parties les plus chaudes, les plus boisées et conséquemment les plus humides, et que la province de Santa-Cruz s'étend au contraire dans des plaines très-chaudes et très-sèches à l'Est des derniers contreforts des Andes.

Les départemens de Cochabamba et de Chuquisaca sont situés sur le plateau oriental des Andes et se composent de pays tempérés, secs et non boisés.

Enfin, la province de Chiquitos est composée de collines granitiques, chaudes, boisées et pourtant sèches, placée qu'elle est tout à fait au centre du continent américain, ses frontières confinant à celles du Brésil. Toutes ces provinces appartiennent à la république de Bolivie.

Les circonstances locales influant d'une manière toute spéciale sur la végétation des plantes cellulaires, on conçoit toute l'importance des observations qui précèdent. C. M.

COENOGONIUM LINKII, Ehrenb.

C. Linkii, Ehrenb., *Hor. phys. berol.*, p. 120, t. 27.

Hab. Ad ramos arborum.

LICHENES, Fr.

BIATORA ICTERICA, Montag.

B. icterica : thalli squamis discretis aggregatisve orbiculatis, ambitu submarginato-repandis, lutescenti-hepaticis, subtus intusque flavo-virentibus ; apotheciis sparsis adnatis rufis, disco plano marginem crassum demum excludente, hæmisphæricis nigris intus concoloribus. Montag., Ann. des sc. nat., 2.e sér., T. II, p. 373.

Hab. Ad terram nudam arenosam, loco *Rincon de Luna* dicto, in provincia *Corrientes*, Junio, cl. d'Orbigny legit. Herb. Mus. Par., n.° 92.

Obs. On trouvera la description de ce Lichen au lieu précité. C'est par erreur que nous l'avons indiqué alors comme ayant été trouvé en Patagonie par M. d'Orbigny, qui l'a en effet recueilli dans la province de Corrientes.

CLADONIA GRACILIS, Fr.

C. gracilis, var. *α*, *verticillata*, Fr., *Lich. europ.*, p. 219 ; *Lichen pyxidatus*, *β*, Linn., *Suec.*, n.° 1111 ; Vaillant, *Par.*, t. 21, fig. 5 ; *Cenomyce verticillata*, Ach., *Syn.*, p. 251 ; *Exsic. Lich. Suec.*, 234 ; Moug. et Nestl., n.° 749.

Hab. Ad terram in sylvis montosis Provinciæ Yungas prope Chupé et Carenata lecta. Herb. Mus. Par., n.° 211 et 232.

CLADONIA MACILENTA, Hoffm.

C. macilenta a filiformis, Fr., *loc. cit.*, p. 240 ; *Lichen macilentus* Ehrh., *Pl. crypt.*, *Dec.* 27, n.° 267 ; *Cladonia macilenta*, Hoffm., *Fl. germ.*, 2, p. 126 ; *Cenomyce bacillaris*, Ach., *Syn.*, p. 266 ; Dillen, *Hist. musc.*, t. 14, fig. 10, *A*, *c*, *B*, *e* ; *Engl. Bot.*, t. 2028 ; *Exs. Lich. Suec.*, n.° 52.

Hab. In iisdem locis cum præcedente. Herb. Mus. Par., n.° 210.

CLADONIA AGGREGATA, Sw.

C. aggregata, Sw., *Fl. Ind. occid.*, III, p. 1915 ; forma, fide Eschw. in Mart. *Fl. Bras.*, I, p. 280 ; *Cenomyce terebrata*, Laur. in Linn., II, p. 43 ; *Cenomyce pertusa !* Pers. in Gaud., *Uran.*, p. 213 ; *C. australis*, *ejusd.*, *loc. cit.* ; podetiis imperforatis tantum differt.

Hab. Ad terram, circa Chupé, provinciæ *Corrientes* et in provincia *la Laguna*, præfect. *Chuquisaca*. Herb. Mus. Par., n.° 420.

STEREOCAULON RAMULOSUM, Ach.

S. ramulosum, Ach., *Lich. univ.*, p. 580; *ejusd. Syn.*, p. 284; Eschw., *loc. cit.*, p. 259; *S. macrocarpum*, A. Rich. in *Voy. Astrol.*, p. 34, t. 9, fig. 4.

Hab. Ad rupes in humidis montium excelsorum prope Icho lectum. Herb. Mus. Par., n.° 324.

PARMELIA SPECIOSA, Ach.

Lichen speciosus, Wulf. ap. Jacq., *Coll.*, III, p. 119, t. 7; *Engl. Bot.*, t. 1979; *Parmelia speciosa*, Ach., *loc. cit.*, p. 480, et *Syn.*, p. 211; Fr., *Lich. europ.*, p. 80; *Exs.* Moug. et Nestl., *Stirp. Vog.*, n.° 605.

Hab. Supra rupes ad margines rivulorum in montibus excelsis, imprimis loco *Nuebo mundo* dicto, provinciæ *la Laguna*, sterilis lecta. Herb. Mus. Par., n.° 395.

PARMELIA LEUCOMELA, Ach.

Lichen leucomelas, L.; Sw., *Obs. bot.*, tab. 11, fig. 3; *Lichen comosus*, Bory, Voy.; *Physcia leucomelas*, Mx., *Fl. bor. Amer.*, p. 326; *Borrera leucomela*, Ach., *Lich. univ.*, p. 499; *Parmelia leucomela*, Ach., *Meth.*, p. 256, et Fries, *Lich. europ.*, p. 76.

Hab. In provinciis *Yungas* circa Chupé, præfect. *de la Paz*, et *Valle grande*, præfect. *Santa-Cruz*, ad arborum cortices cum *Lejeunia geminiflora*, Nees, et *Bryo truncorum*, Brid., hancce speciem sterilem legit cl. d'Orbigny. Herb. Mus. Par., n.ºs 216 et 351.

PARMELIA PERLATA, Ach.

Lichen perlatus, L.; Jacq., *Coll.*, IV, p. 273, t. 10; Vaill., *Par.*, t. 21, fig. 12 (corr. Ach., *Syn.*); *Parmelia perlata*, Ach., *Lich. univ.*, p. 458; *Synops.*, p. 198; Fr., *Lich. eur.*, p. 59; *Parmelia coriacea perlata*, Eschw., *loc. cit.*, p. 206; *Exs.* Moug. et Nestl., *Stirp. Vog.*, n.° 253.

Hab. Ad truncos arborum prope Chupé provinciæ *Corrientes* et ad ramos fruticum in provincia *la Laguna*, præfect. *Chuquisaca*. Herb. Mus. Par., n.° 420.

STICTA QUERCIZANS, Ach.

Lichen quercizans, Mx., *Flor. bor. Amer.*, 2, p. 324; *Parmelia quercizans*, Ach., *Lich. univ.*, p. 464; *Sticta quercizans*, *ejusd. Syn.*, p. 234; Delise, *Monogr. Stict.*, p. 84, pl. VII, fig. 26; *S. sinuosa*, Pers. in Gaud., *Voy. Uran.*, p. 200; an *Parmelia damæcornis quercifolia?* Eschw., *loc. cit.*, p. 215.

Hab. Ad truncos arborum in montibus excelsis nomine *Inca* insignitis provinciæ *Valle grande*, mense Novembris 1830, et ad saxa in humidis petrosis montium Cochabamba inter et Yuracares Boliviæ, Junio 1831, cl. d'Orbigny legit. Hujus in consortio crescunt *Frullania atrata*, Sw., et *Lejeunia filicina*, Sw. Herb. Mus. Par., n.ºs 334 et 357.

STICTA LACINIATA? Ach.

Lichen laciniatus? Sw., *Fl. Ind. occ.*, III, p. 1899; *Platisma laciniatum?* Hoffm., *Pl. lich.*, t. 65, fig. 3 (*mala*); *Sticta laciniata?* Ach., *Lich. univ.*, p. 446, et *Syn.*, p. 232; Delise, *Monogr. Stict.*, p. 116, pl. 11, fig. 46.

S. thallo coriaceo-membranaceo, supra lacunoso-reticulato cervino, subtus dense fusco-tomentoso, laciniato, laciniis corniculatis sinuato-lobatis apice retuso-truncatis, cyphellis pallidis urceolatis, apotheciis marginalibus, disco plano rufo, margine concolori subgranulato demum evanescente. Nob.

Hab. Ad saxa et terram locis depressis et humidis in montibus excelsis inter Cochabamba et Yuracarès, Junio 1831, hanc speciem *Herpetio stolonifero*, Sw., perreptam legit cl. d'Orbigny.

Thallus magnus, palmaris et ultra, coriaceus, non tamen admodum nec crassus, nec firmus, subdichotome laciniatus. *Laciniæ* sæpius concretæ, a basi ad apicem sensim expansæ iterumque laciniatæ, margine sinuato-lobatæ, sinubus rotundatis, apicibus truncato-emarginatis subcorniculatis, divisiones *Stictæ pulmonaceæ* satis referentibus. *Facies anterior* glabra, sicca cervino-fuscescens, madida in olivaceum vergens, rugis crassis in reticulum intricatis percursa, quibus lacunæ vel scrobiculæ variæ magnitudinis circumscribuntur. *Facies supina* vero fere tota tomento fusco centro densiore, ambitum versus minus conferto et reticulatim disposito, obtecta. Cyphellæ magnæ, urceolato-excavatæ, pallidæ, limbo tenuissimo, centro rariores, ad apicem autem subnudum laciniarum confertiores. *Apothecia* (in specimine nostro) rara, marginalia, diametro sesquilinearia, in planta juniore globosa, dein margine granulato sensim ob evolutionem laminæ proligeræ se explicante plana, disco rufo tandem immarginato. Asci clavati paraphysibus immixti thecas (*sporidia*) foventes senas octonasve naviculares vel ellipticas, apicibus attenuatis, distincte biloculares.

Obs. Ce Lichen est si semblable au *Sticta pulmonacea*, que, s'il n'avait pas de cyphelles, qui manquent dans tous les individus de cette dernière espèce, on ne saurait véritablement comment l'en distinguer. Mais la présence de ces organes, dont au reste les fonctions ne sont pas encore bien connues, l'en éloigne et le reporte dans la section des Stictes à cyphelles blanches. Parmi celles-ci je n'en ai trouvé aucune qui ait plus d'analogie avec la mienne que le *S. laciniata*, Ach. Cependant les descriptions et les figures que j'ai consultées, car je ne possède aucun type de cette espèce, ne s'accordant pas parfaitement avec les caractères extérieurs que m'offrait ma plante, j'ai pris le parti d'en donner le signalement et de la décrire complètement comme si elle était nouvelle. De cette manière on sera plus à même de juger s'il est ou non convenable de confondre ces deux Lichens. La figure donnée par M. Delise est celle qui convient le mieux à mon échantillon, mais elle est plus petite, et d'ailleurs on n'y voit rien d'arrêté que le profil du thalle; tout le reste est dans un vague qui laisse malheureusement trop à désirer.

PELTIGERA POLYDACTYLA, Fr.

P. polydactyla, var. *b*, *scutata*, Fr., *Lich. eur.*, p. 47; *Lichen scutatus*, *Engl. Bot.*, t. 1834; *Peltidea scutata*, et β *collina*, Ach., *Syn.*, p. 237; *Peltigera collina*, Schrad.; Spreng., *Syst. veg.*, IV, p. 305.

Hab. Ad rupes in sylvis montium provinciæ Yungas inter Chupé et Yanacaché. Herb. Mus. Par., n.° 219.

RAMALINA SCOPULORUM, Ach.

R. scopulorum, var. *linearis*, Montag., *Prodr. Fl. Juan Fern.* in Ann. des sc. nat., 2.ᵉ sér., tom. IV, p. 86, n.° 64.

Hab. Ad rupes secus ripas fluviorum in montibus, loco *Nuebo mundo* dicto, provinciæ *la Laguna* Decembri lecta.

Obs. Cette plante ne diffère du *Ramalina scopulorum*, cueilli sur les rochers de nos côtes de l'Ouest, que par des frondes canaliculées et des apothécies marginales tout à fait sessiles. Ce n'en est donc pour moi qu'une simple variété. Toutes les espèces de ce genre protée confluent tellement, que l'on douterait presque si Eschweiler n'a pas eu raison de les confondre sous le seul nom de *Parmelia polymorpha*.

RAMALINA MEMBRANACEA, Montag.

R. thallo cæspitoso e laciniis membranaceis lineari-lanceolatis lævigatis pallide glaucescentibus, apotheciis lateralibus copiosis, disco convexo carneo marginem demum superante, tandem an morbose? fusco-nigro.

R. fraxinea, var. *membranacea?* Laur. in Linn., II, p. 43; *Parmelia polymorpha*, var. *sphærocarpa?* Eschw., *Lich. Bras.*, p. 220; *Ramalina membranacea*, Montag., *Crypt. bras.*, in Ann. des sc. nat., 2.ᵉ sér., Bot., tom. XI, p. 46.

Hab. In Peruvia. Locus incertus.

Obs. Ce lichen diffère essentiellement de notre *Ramalina fraxinea*, Ach., par un thalle plus lisse, dont les lanières sont cylindriques et non planes à leur naissance; par des apothécies qui, dans les nombreux échantillons que j'en ai observés, ne dépassent pas une ligne à une ligne et demie de largeur, sont presque sessiles et jamais rugueuses en dessous; enfin, par la consistance membraneuse et presque papyracée de ses frondes. M. Auguste de Saint-Hilaire en a aussi rapporté du Brésil de fort beaux échantillons, qu'il a recueillis sur des branches mortes le long des rives du Paraïba.

EVERNIA FLAVICANS, Fr.

Lichen flavicans, Sw., *loc. cit.*, III, p. 1908; *Lich. amer.*, p. 15, t. 11, fig. 1; *Parmelia flavicans*, Ach., *Meth.*, dein *Borrera flavicans*, *Lich. univ.*, p. 504, et *Syn.*, p. 224; *Borrera flavo-grisea!* Pers., *Voy. Uran.*, p. 207 (*specimina decolorata*), et *B. acromela*, *ejusd.*, *l. c.*, p. 208 (*specimina ramulis apice nigricantibus a typo vix diversa*). *Evernia flavicans*, Fr., *Lich. eur.*, p. 28; *Parmelia chrysophthalma, flavicans*, Eschw., *l. c.*, p. 224.

Hab. Ad spinas variarum specierum *Cacti* in loco *Rincon de Luna* dicto provinciæ *Corrientes* non frequens et prope Pucara provinciæ *Valle grande*. Herb. Mus. Par., n.os 95 et 377.

USNEA FLORIDA, Hoffm.

Lichen floridus, Linn., *Suec.*, n.° 1130; Dillw., *Musc.*, t. 13, fig. 13; *Engl. Bot.*, t. 872; *Fl. Dan.*, t. 1189; *Usnea florida*, Hoffm., *Pl. lich.*, t. 30, fig. 2; Ach., *Lich. univ.*, p. 620, et *Syn.*, p. 304; *U. coralloides*, Wallr., *Naturgesch. der Flecht.*, II, p. 370; *U. barbata a, florida*, Fr., *Lich. europ.*, p. 18; *Parmelia coralloides*, Eschw., *l. c.*, p. 226; *Exs. Lich. Suec.*, n. 120; Moug. et Nestl., n.° 260.

Hab. Ad arborum annosarum Palmarumque truncos in sylvis aboriginibus prope oppidum *Caacati* dictum, provinciæ *Corrientes* et *Yungas*, præfect. *de la Paz* hujus speciei plures varietates legit cl. d'Orbigny.

Herb. Mus. Par., n.os 90, 91 et 214 (*Usnea cerafina*, Ach.), n.° 217 (*Usnea microcarpa*, Pers. in Gaudich., *Uran.*), n.° 378 (*Usnea inflata*, Del.), et n.° 421 (*Usnea strigosa*, Pers.).

USNEA ANGULATA, Ach.

U. angulata, Ach., *Synops.*, p. 307.

Hab. In provincia *Corrientes* Americæ meridionalis, ad arbores, imprimis ad Palmas *Yatais* dictas, quibus dependet, hanc speciem (an genuinam?), legit cl. d'Orbigny. Herb. Mus. Par., n.° 89.

Obs. Les botanistes qui ont observé les Usnées dans la nature, savent tous qu'il n'est aucun Lichen plus polymorphe. Je n'oserais donc affirmer, surtout en l'absence des orbilles, que cette espèce n'est pas une forme monstrueuse de l'*Usnea longissima*, dont elle a les rameaux courts et horizontaux, et encore moins que Sprengel a eu tort de l'y réunir. Ce qui la distingue comme forme, sinon spécifiquement, de la plante européenne, c'est l'excroissance du thallus en plusieurs crêtes saillantes parallèles, qui le rendent ailé dans toute sa longueur. Je ne puis douter, d'après les termes clairs de sa description, que ce ne soit là l'espèce qu'a voulu caractériser le lichénographe suédois. J'en possède un échantillon recueilli au Brésil et qui m'a été donné par M. Bory; il est identique à celui de Corrientes et stérile comme lui.

HYPOXYLA, DC.

SPHÆRIA (CORDYCEPS) HYPOXYLON, Ehrh.

Clavaria hypoxylon, Linn., *Suec.*, n.° 1267; Bull., Champ., t. 180; *Sphæria cornuta*, Hoffm., *Veg. crypt.*, I, p. 11, t. 3, fig. 1; *S. hypoxylon*, Ehrh., *Exs.*, n.° 150; Pers., *Syn.*, p. 5; Fr., *Syst. myc.*, II, p. 327.

Hab. Ad radicem arboris emortuæ prope Iribucua, provinciæ *Corrientes*, a cl. d'Orbigny secus ripas *Rio Parana* lecta.

OBS. Il est impossible de distinguer de ceux d'Europe les échantillons rapportés par M. d'Orbigny, autrement que par leur taille très-élancée, qui acquiert jusqu'à quatre ou cinq pouces. Les caractères microscopiques n'offrent pas non plus de différence. Dans les uns comme dans les autres, les utricules (*asci*) sont filiformes ou en massue très-allongée, hyalines, et contiennent jusqu'à douze sporidies brunes, en navette, dans lesquelles on remarque une ou deux sporidioles.

SPHÆRIA (CORDYCEPS) PORTENTOSA, Montag.

S. lignosa, simplex, elongato-linguiformis, atra, undique peritheciis superficialibus ovato-globosis crassis papillatis tecta; stipite glabro.....

Hab. In sylvis humidis calidioribusque ad ligna præfect. *Cochabamba* in Bolivia legit cl. d'Orbigny.

Species equidem portentosa nec cum alia ejusdem tribus comparanda. *Stipes* ut videtur simplex, compressus, brevis (pars inferior deest), mox in clavulam dilatatus atram, opacam, bipollicarem, compressam, sublinguæformem, quatuor lineas latam, sesquilineam crassam, a basi ad apicem obtusum usque peritheciis undique tectam, intus cavam et fibrillis arachnoideis laxis concoloribus farctam. *Perithecia* omnino superficialia et discreta, confertissima, ovato-globosa, crassa, rugosa, circa ostiolum papilliforme nitidum, poro pertusum sæpius impressa. *Asci* clavæformes sporidiis navicularibus bilocularibus duplici serie dispositis referti.

OBS. Cette sphérie est bien certainement la plus développée de toutes celles de sa tribu. Par ses loges pressées superficielles, elle appartiendrait aux *Cæspitosæ*, mais son stroma caulescent la retient parmi les *Cordyceps*. Elle est dure, d'un noir opaque en dehors et en dedans, et sous ce dernier rapport elle ne ressemble à aucune de nos sphéries européennes de la même section. Elle est creusée dans toute sa longueur d'une cavité garnie de fibres anastomosées, mais elle ne saurait pourtant être comparée au *S. polymorpha*, dont le stroma est blanc à l'intérieur. D'ailleurs les organes de la reproduction sont différens dans les deux espèces. Dans celle-ci, les utricules filiformes contiennent une seule rangée de sporidies naviculaires obscurément biloculaires, si tant est qu'elles le soient. Je n'ai pu voir la cloison dans l'analyse que j'ai faite d'un échantillon reçu de M. Fries lui-même. Dans ces sporidies on aperçoit pourtant deux sporidioles globuleuses. Dans la sphérie du Chili, les utricules et les sporidies sont d'abord de moitié plus petites; les premières ont la forme d'une massue raccourcie, dans laquelle les secondes, évidemment biloculées, un peu étranglées même au niveau de la cloison, sont disposées toujours sur deux rangées; caractère d'autant plus remarquable que dans toutes les espèces de cette tribu que j'ai examinées au microscope, j'ai constamment trouvé des utricules filiformes très-allongées et une seule série de sporidies. Celles-ci, dans le *S. portentosa*, m'ont offert une forme digne d'être notée. J'ai dit qu'elles étaient naviculaires, mais dans la plupart des espèces d'Europe l'un des deux côtés est plus long que l'autre, en sorte que leur figure est assez semblable à celle des Clostéries. Dans le *Sphæria portentosa*, au contraire, les deux arcs de cercle qui circonscrivent la sporidie sont parfaitement égaux, en sorte que celle-ci n'est point bossue.

Par sa forme et sa couleur extérieure, notre espèce[1] est pourtant voisine du *Sphæria geoglossum*, Schwz., *Syn. of North Amer. fung.*, p. 188, de même que du *S. scruposa*, Fr., *El. Fung.*, 2, p. 55; mais elle diffère essentiellement de l'une et de l'autre par ses loges superficielles et la cavité dont est creusé son stroma.

SPHÆRIA (Cordyceps) DIGITATA, Ehrb.

Clavaria digitata, Linn., *Spec. pl.*, *ed.* 3, p. 1652; Bull., Champ., p. 192, t. 220; *Sphæria clavata*, Hoffm., *Veg. crypt.*, I, t. 4, fig. 2; *S. digitata*, Ehrh., *Beytr.*, 6, p. 7; *Fl. Dan.*, t. 1306.

Hab. Cum præcedente.

FUNGI, L. Juss., Fr.

GEASTER (Plecostoma) AMBIGUUS, Montag.

G. peridio exteriori simplici multifido rigescente subinvoluto, interiori sessili ore plano-conico plicato-striato.

Hab. Ad terram in provincia Boliviæ de *Chiquitos* dicta a cl. d'Orbigny lectus.

Peridium exterius involutum, aut sæpius inflexum, subcoriaceum, rigens, in lacinias 8-10 lanceolatas, profunde, non autem ad basim usque partitum, extus pallescens glabrum, strato interiori ceraceo crasso levi, sicco fragili, umbrino. *Peridium interius* sessile, subglobosum, nucem magnitudine adæquans, alutaceo-canescens, leve, papyraceum. *Os* in disco circulari plano-conicum, plicato-striatum, basi unitum, apice fimbriatum. *Sporidia* fuliginosa, globosa, sessilia.

---

1. Cette belle Sphérie appartient maintenant à la tribu *Xylaria* du genre *Hypoxylon* de Bulliard, réformé par Fries, et doit se nommer désormais *Hypoxylon* (*Xylaria*) *portentosum*, Montag.

Fungi.

Obs. Ce Champignon a des rapports avec plusieurs de ses congénères. Il a d'abord une grande ressemblance avec le *G. hygrometricus*, soit par la forme, soit par la couleur de son enveloppe extérieure, dont la consistance est aussi à peu près la même, mais il en est suffisamment distinct par l'orifice en cône strié de son péridium intérieur. On pourrait encore le confondre avec le *G. striatus*, DC., dont il est en effet très-voisin; mais celui-ci a son péridium intérieur pédicellé et l'extérieur membraneux, souple, étalé. Il diffère aussi du *G. umbilicatus*, que mon savant ami Gaudichaud a rapporté de son deuxième voyage au Chili, tant par la couleur que par l'absence du disque concave marginé, dans lequel est situé l'orifice conique strié, disque qui dans notre espèce consiste en une légère dépression plane, à peine environnée d'un rebord visible; du *G. fimbriatus*, Fr., dont l'orifice conique, quoique appartenant à une section différente, simule assez bien celui de l'espèce péruvienne, par la rigidité de son enveloppe extérieure; enfin, du *G. saccatus*, Fr., que j'ai vu dans la collection de Bertero, par le même caractère et par les stries de son ostiole conique. Le *G. mammosus*, Fr., ne s'en distingue aussi que par ce même ostiole non plissé; car, comme celui de notre espèce, il est conique et placé dans une dépression circulaire.

PHALLUS (Hymenophallus) INDUSIATUS, Vent.

Phallus indusiatus, Vent., *Diss.* in Mém. de l'Inst., I, p. 520, t. 7, fig. 3; Turp., *Icon.*, pl. 7, fig. 1; *Hymenophallus indusiatus*, Nees, *Syst. der Pilz.*, p. 251, fig. 258; Spreng., *Syst. veg.*, 4, p. 498; *Dictyophora*, Desv. in Journ. bot., 1809, p. 92; *Sophronia brasiliensis*, Pers. in Gaudich., *Uran.*, p. 178, t. 1, fig. 2; Hook., *Append. to Beechey's Voy.*, t. 20? *Fl. flum.*, XI, t. 118.

Hab. In sylvis montosis præfecturæ *Santa-Cruz*, in Bolivia, super truncos carie consumptos 1831 legit cl. d'Orbigny. Herb. Mus. Par., n.° 245.

PEZIZA SCUTELLATA, Linn.

P. scutellata, Linn., *Suec.*, 458, *excl. syn.*; Bull., *Champ.*, t. 10; *P. ciliata*, Hoffm., *Veget. crypt.*, II, p. 25, t. 7, fig. 3 (*specim. parvum*); *Octospora hirta*, Hedw., *Musc. frond.*, II, p. 10, t. 3 *B*; Tremelle rouge, d'Orbigny in *Schedula*.

Hab. In lacunis humidis montium Andium, altitudine 2200 hexapod. in præfectura *Potosi*, Martio 1832, legit cl. d'Orbigny. Herb. Mus. Par., n.° 445.

TELEPHORA (Merisma) AURANTIACA, Pers.

T. aurantiaca! Pers., in Gaudich., *Uran.*, p. 176, *T. Palmetto*, Raddi in Spreng., *Syst. veget. curæ poster.*, p. 334; *T. Cantharella*, Schwz., *Car.*, n.° 1000, et *Syn. fung. in Amer. bor. media degent.*, p. 165; Fr., *El. Fung.*, I, p. 164; *Auricularia Flabellum! Sp. nov.*, Spreng., *mss.* in Herb. Montag.

Hab. Ad terram in montibus præfecturæ *Santa-Cruz*, in Bolivia, cum penultima legit cl. d'Orbigny. Herb. Mus. Par., n.° 227.

Stipes in terra arenosa defossus et frustulis ramulorum bysso mediante fulvo (systema vegetativum) adhærens, quadrilinearis, gracilis, 1/4 lineæ vix diametro superans, in *pileum* dilatatus tenuem, flabelliformem, margine semiorbiculari repandum, supra tenuissime radiato-fibrillosum, obsolete concentrice zonatum, siccum fulvum, subtus *hymenio* lævi glabro luteo gaudentem. *Color* fungi vivi vitellinus, ex schedulis cl. d'Orbigny.

POLYPORUS (Apus) SANGUINEUS, Fr.

Boletus sanguineus, Linn., Sw., *Obs. bot.*, p. 408, t. 11, fig. 4; *Polyporus sanguineus*, Mey., *Esseq.*, p. 304; Fr., *Syst. myc.*, I, p. 371.

Hab. Ad truncos dejectos putridosque in provincia *Yungas*, lectus.

Obs. Les naturels le nomment *Lajeta* ou *Inchó inchú* (oreille), au dire de M. d'Orbigny.

LENTINUS BERTERII, Fr.

Agaricus crinitus, Bert., *apud* Spreng., *V. A. H.*, 1820, n.° 19, *ex* Fries; *A. Berterii* (errore typographico *A. Bertieri*), Fr., *Syst. myc.*, 1, p. 175; *Lentinus Berterii*, *ejusd.*, *Syn. orb. veg.*, p. 77; *Elench. fung.*, I, p. 46, et *Epicrisis*, I, p. 388.

Hab. Ad ligna putrida in solo humido dejecta, in provincia *Chiquitos*, prope Sanctum-Xaverium, Julio lectus. Herb. Mus. Par., n.° 260.

HEPATICÆ[1], Juss.

Trib. I. RICCIEÆ, N. ab E.

RICCIA OCHROSPORA, N. et M.

R. fronde irregulariter cordata, raro eumorpha, glauca cavernosa, marginibus imis subascendentibus, fructibus in substantia frondis sparsis utrinque prominulis, sporis ochraceis. Nob.

R. fronde semicirculari biloba planiuscula cavernosa, lobis oblongo-obcordatis angulato-crenatis subtus concoloribus. Lindbg., *Nachtr. zur Monogr. der Riccieen*, p. 504, *b*; in *Act. Acad. Leop. Carol. Nat. Cur.*, vol. XVIII, P. 1, tab. 37, fig. 1-5.

Hab. Prope Quillota Regni chilensis, in pascuis sterilibus collium, locis udis, legit misitque sub n.° 1279 Bertero.

---

1. Les espèces de cette famille ont été étudiées et publiées en commun avec M. le professeur Nees d'Esenbeck, président de l'Acad. imp. Léop. Car. des Cur. de la nature, dont j'ai cru devoir adopter la nomenclature. En daignant m'éclairer de ses lumières, ce savant m'a donné de sa bienveillante amitié une preuve dont je me plais à lui témoigner ici ma profonde reconnaissance.

Hepaticæ

Frondes non symmetrice consociatæ, polymorphæ, sæpius autem irregulariter cordatæ, 2-3 lin. longæ et latæ, margine subascendente, subtus pilis radicalibus innumerosis vestitæ. *Color* glaucus. *Substantia*, ut in *R. crystallina*, cavernosa, è cellulis laxis polyedris tota composita. *Epidermis* paginæ superioris uti in *R. fluitante*. *Fructus* prorsus immersi, supra minus quam subtus gibboso-prominentes, absque styli vestigio remanente. *Sporæ* ovato-subglobosæ, margine cellulis periphericis pellucidioribus subhyalinæ, interdum massa granulosa interiore exstante subasperæ, ochraceæ.

Obs. Cette espèce, que nous avons communiquée à M. Lindenberg, a été admise et figurée dans la belle monographie des Ricciées, que vient de publier ce savant dans les Mémoires de l'Académie des Curieux de la nature.

SPHÆROCARPUS, Mich. reform.

Fructus superficiales. Sporangium (capsula) *brevius longiusve pedicellatum, ex epigonio styligero vel stylum dejiciente formatum, involucro ventricoso sessili vel stipitato apice perforato cinctum. Sporæ polyedræ. Elateres nulli. Frons membranacea.* Nob., *Cent. Pl. cell. exot. nouv.* in Ann. des sc. nat., 2.e sér., Bot., tom. IX, p. 39.

SPHÆROCARPUS BERTERII, Montag.

S. fronde orbiculari tenerrima ramoso-lobata enervi, sporangii sessilis stylo deciduo involucro conico-truncato, primo sessili demum stipitato, poro amplo pertuso, sporis tricoccis subasperis. Montag.

S. Berterii, Montag., *involucris conico-oblongis obtusis* (*primo sessilibus demum*) *pedunculatis, poro amplo pertusis, fronde tenerrima laciniata enervi, laciniis cuneiformibus*, etc. Nees ab Esenb., *Europ. Leberm.*, IV, *S.* 369.

Sphærocarpus stipitatus, Bisch., in *Nachtr. zur Monogr. der Ricc.* (Lindenberg), in *Nov. Act. Ac. nat. Curios.*, vol. XVIII, P. I, p. 504, *i*, t. XXXVI.

Hab. In eisdem cum præcedente locis legit B. Bertero et sub n.° 695 in ejus collectione inveni.

Frons suborbicularis, enervis, tenerrima, 1-2 lineas diametro metiens, e basi vel centro subtus radiculoso ramoso-lobata, lobis cuneatis, semi-orbiculatis aut truncato-emarginatis, hinc inde fructigeris. In junioribus exemplaribus lobi angusti ferme obturi sunt involucris numerosissimis, confertis, ovatis, ore amplo truncatis. *Involucrum* primo sessile, demum vero progressu ætatis longe stipitatum, stipite pleno, forma peridio *Arcyriæ incarnatæ* immaturæ non absimile. Involucri longitudo cum stipite 3/4 lineæ, stipitis vero seorsim 1/3-1/4 lin. adæquat. Frondis et involucri areolæ 4-6gonæ, crassæ, virides. *Capsula* globosa ex epigonio formata, stylo mature deciduo coronata, 1/5-1/6 lin. diametro metiens, sporis maturis tuberculosa, in fundo involucri subsessilis, pedunculo scilicet globoso, ut ita dicam, insidens. *Sporæ* tricoccæ, subasperæ, subaurantiacæ, e membrana grosse areolata endogonium fingente, demum evanescente, oriundæ, in peripheria cellulis ad speciem articulatis marginatæ.

Obs. Le genre *Sphærocarpus* était encore monotype il n'y a pas long-temps. Une seconde espèce, découverte en Sardaigne par M. de Notaris, me fut adressée par ce savant avec les autres Hépatiques qu'il y avait recueillies; je la nommai *S. Notarisii*. En voici une troisième, bien distincte des deux autres, et que j'ai trouvée dans la collection de Bertero, qui l'a observée au Chili. Une chose assez singulière, c'est que la découverte des trois espèces de ce genre est due à trois Italiens. Bertero, qui avait vu la sienne à une simple loupe, ne l'avait pas distinguée du *S. Michelii*, dont elle porte le nom sur ses étiquettes. Moi-même, avant de la soumettre au microscope, j'avais adopté cette détermination du botaniste piémontais. Mais, observée de plus près, je ne tardai pas à me convaincre qu'elle était différente de l'espèce vulgaire. En effet, sa fronde est tout autrement conformée. A l'état adulte elle forme, à la vérité, des rosettes comme celles du *S. Michelii*; mais, outre qu'elles ont une aire plus grande, si l'on observe tous les degrés de leur développement, on voit que, dans l'origine, cette fronde est allongée, rameuse, et que ses lobes, différemment découpés, sont comme distiques, tandis que celle du sphérocarpe européen est constamment orbiculaire, même dès le premier âge. Une autre différence spécifique se trouve dans la forme de l'involucre. Dans l'espèce chilienne, celui-ci, supporté par une sorte de pédicule d'un tiers de millimètre de longueur, s'évase ensuite en une portion arrondie que surmonte et termine une sorte de cône tronqué. Je trouve que cet organe a une grande ressemblance soit avec le péridium de l'*Arcyria incarnata*, Pers., avant sa rupture, soit aussi avec la capsule de certains splachnums. Enfin, le sommet de cet involucre est percé, non d'un simple pore, comme dans celui du *S. Michelii*, mais d'une assez grande ouverture. Quant aux autres caractères pris du sporange sessile et des spores, je n'ai pas trouvé qu'ils différassent sensiblement; seulement la capsule n'était point encore détachée du fond de l'involucre dans des échantillons presque mûrs, comme elle l'est toujours à la maturité dans la plante de Micheli. Je donnerai ici par occasion les phrases diagnostiques des deux autres espèces de ce genre, lesquelles, comme on le pense bien, ont dû être réformées pour devenir comparatives.

1. *Sphærocarpus Michelii*, Bell. : *fronde rosaceo-lobata enervi, sporangii sessilis stylo deciduo, involucro obovato turbinatove sessili apice poro minuto pertuso, sporis tricoccis alveolatis.*
2. *Sphærocarpus Notarisii*, Montag. : *fronde semi-ovata falcato-recurva hinc nervosa apice laciniato fissa vel appendiculata, sporangii stipitati stylo persistente, sporis echinatis. Loc. cit.*, et in Primit. hepaticol. ital., auct. J. de Notaris, p. 63, fig. *d*. C. M.

Trib. II. ANTHOCEROTEÆ, N. ab. E.

ANTHOCEROS LÆVIS, L.

A. fronde enervi plana subradiatim dissecta crenata læviuscula.

Var. β, *fronde angustiori, apice æquali crenulata, calycibus tubulosis elongatis æqualibus truncatis.* N. ab E. *in* Mart. *Fl. Br.*, I, p. 304; Dill., *Hist. Musc.*, t. 68, fig. *B*.

Hab. Ad terram humidam loco *Rincon de Luna* dicto, in parte meridionali provinciæ Corrientes (république Argentine) et in paludibus secus flumen *Batel*, Junio 1827, lectus. Herb. Mus. Par., n.° 96.

Trib. III. MARCHANTIEÆ, N. ab E.

Subtrib. 1. TARGIONIEÆ, N. ab E.

TARGIONIA BIFURCA, Nees et Montag.

T. fronde lineari angusta canaliculata simplici aut bifurca, nervo crasso, marginibus membranaceis adscendentibus demum involutis repando-crenulatis, involucro apice frondis latiore; capsula verrucæ turbinatæ sessili. Ann. des sc. nat., 2.e sér., Bot., tom. IX, p. 113, pl. 5.

Targionia bifurca, Nees et Montag. in Nees ab Esenb., *Europ. Leberm.*, IV, *S.* 315.

Hab. Ad terram circa Quillota in Chile legit Bertero.

Obs. Cette espèce nouvelle de Targionie, caractérisée d'abord par M. Nees et par moi, a été ensuite décrite par l'un et par l'autre dans les ouvrages cités plus haut. J'en ai même donné une figure analytique. Je renverrai donc à ces ouvrages les personnes qui désireraient de plus amples renseignemens. Mais je dois dire quelques mots touchant la découverte des organes mâles du genre, que, sans nous entendre le moins du monde pour cette recherche, nous avons observés l'un et l'autre sur les bords de cette plante. Ces organes, que chacun de nous étudiait isolément à peu près à la même époque, Micheli les connaissait bien certainement, quoiqu'on les ait méconnus depuis. On verra dans mon mémoire cité, ayant pour titre : *Des organes mâles du Targionia*, comment, après m'être félicité d'avoir fait cette heureuse découverte, j'ai reconnu que le botaniste florentin les avait non-seulement vus, mais encore décrits et figurés d'une manière assez grossière, quoique pourtant assez exacte. J'ai dit au même lieu pourquoi l'on n'avait pas su interpréter cette figure, Micheli en ayant effectivement donné l'explication à l'article du *Lunularia* et non pas là où l'on aurait dû s'attendre à la trouver. Dans notre commune recherche je n'ai donc sur mon illustre ami d'autre avantage que la priorité de la publication.

FIMBRIARIA CHILENSIS, Nees et Montag.

F. receptaculo feminco obtuse umbonato subtrifido, brevi barbato, fronde obovata biloba bifidave tenera, limbo undato subvenoso, pedunculo glabro striato basi nudiusculo, perianthiis deorsum spectantibus subquadrifidis apice cohærentibus.

Fimbriaria chilensis, N. et M. in Montag., Cent. Pl. cell. exot. nouv.; Ann. des sc. nat., 2.e sér., Bot., tom. IX, p. 41. *Cum descriptione.*

Hab. In sylvaticis umbrosis udisque collibus circa *Quillota* regni chilensis legit B. Bertero et sub nomine *Marchantiæ* n.° 1128 misit. Septembri fructus maturat.

Obs. Depuis que, de concert avec M. Nees, j'ai publié de cette hépatique une description aussi complète que le permettaient les échantillons mis à ma disposition, plusieurs espèces nouvelles du même genre ont été enregistrées dans le catalogue de cette belle famille. Une, entre autres, originaire des Canaries et d'Alger, ma *Fimbriaria africana*, que j'avais déjà signalée comme venant se placer à côté de l'espèce chilienne, a effectivement quelques points de ressemblance avec elle. Mais, en les comparant avec attention l'une à l'autre, on reconnaîtra néanmoins sur-le-champ celle-ci à la petitesse de toutes ses parties, à la forme obovale et presque orbiculaire de sa fronde, et surtout à ses périanthes, dont les lanières, plus longues et plus nombreuses, sont réunies entre elles au sommet. C. M.

GRIMALDIA PERUVIANA, Nees et Montag.

G. receptaculo femineo completo subgloboso dimidiatoque crenato, subtus pedicelloque brevi pilosis, masculo discoideo sessili, fronde dichotoma latiuscule lineari subtus ad costam esquamata, apice prolifera.

Hab. Ad terram humidam et saxa in umbrosis montis excelsi prope *Irupana*, inprimis loco *Rio de Chica* dicto legit, Augusto ineunte 1830, cl. d'Orbigny. Herb. Mus. Par., n.° 226.

Frondes cæspitosæ, varie intricatæ, pollicares sesquipollicaresve, anguste lineares, duas lineas latæ, dichotomæ, apice ampliato emarginatæ, et ex emarginatura sæpius proliferæ, medio incrassatæ, supra virides, lineis tenuissimis nigris vel obscuris reticulatæ, areolis hexagonis poro albo mediocri centro pertusis, subtus atro-purpureæ, subtiliter rugulosæ, utrinque ad costam villo radicularum denso flavescente vestitam cæterum nudæ, esquamosæ. *Receptaculum masculum* in iisdem plantis sessile, discoideum planum, integerrimum, subtus pilosum. *Scyphuli* numerosi, præsertim ad apicem frondis nec non in ipsis prolificationibus occurrunt sessiles, margine tenerrimo lato flaccido dentato-ciliato instructi. Propagines 12 ad 20 lenticulares, virides, ambitu hyalino utrinque emarginato. *Receptaculum femineum* pedunculo e sinu emarginaturæ frondis prodeunte breviter pilosiusculo, basi nudo, tres lineas longo, striato suffultum, completum subglobosum aut dimidiatum, excentricum, crenatum, subtus pilis purpureis onustum. Plura non vidimus.

Obs. Cette Hépatique est voisine des *Grimaldia cartilaginea* et *Swartzii*, L. et L. (*sub Marchantia*); mais elle diffère évidemment de la première par ses réceptacles mâles sessiles et par les pores plus grands de sa fronde, et de la seconde par ses réceptacles femelles autrement conformés, de même que par sa fronde dépourvue de squames à sa face inférieure.

GRIMALDIA CHILENSIS, Lindenb., mss.

G. subsimplex apiceve succrescens linearis canaliculata, denticulata, apice emarginata brevissime ciliato-barbata, subtus atro-purpurea squamisque subulato-acutis rigidulis patulis exasperata, receptaculo femineo (imperfecto) *convexo quadri-quinquecrenato, obsolete barbato.*

Grimaldia chilensis, Lindenb. *in Litt. ad illustr.* Neesium.

Hab. Ad terram locis humidis prope Quillota, præsertim loco *Cerro de Mallaca* dicto exeunte Septembri legit Bertero, misitque sub n.° 1129.

Frondes 1 1/2 ad 2 lineas longæ, 1/2 lineam et quod excedit latæ, marginibus adscendentibus et incurvis canaliculatæ, subtus (singulari nota), squamis e basi latiori subulatis patulis rigidis asperæ, nigrescentes. *Margines* denticulati squamisque prominulis sæpe exasperati. *Superficies* superior glaucescens, punctulata, obsolete porosa, margine nigricante. *Pedunculi* subapicales, basi nudi, virides, vix lineam longi. *Receptaculum* femineum parvum, viride, subquadrilobum; lobi adhuc clausi. *Pistillum* parum evolutum. Species satis certa et vix de genere dubitamus.

Obs. Cette plante a été prise pour un *Targionia* par Bertero; son réceptacle femelle n'est pas assez développé pour qu'on puisse en compléter la description. Quoi qu'il en soit, sa fronde est si remarquable, que nous n'avons pas dû la passer sous silence.

SAUTERIA, Nees ab Esenb.

Receptaculum femineum pedunculatum, bi- quinquepartitum, lobis fructiferis usque ad basim discretis, radiis interjectis nullis aut denticuliformibus. *Pedunculus* frondi continuus, basi nudus, pallens. *Involucra* tot quot lobi, cum lobo suo tubum declinatum formantia, discreta, ore lato dehiscentia pileumque bi- quinquepartitum simulantia monocarpa. *Perianthium* nullum. *Calyptra* persistens, pyriformi-campanulata, irregulariter rumpens, involucrum adæquans paulove excedens. *Capsula globosa,* semi-quadri-sexvalvis, chartacea, pedicellata, pedicello calyptram non superante æquali, basi haud solubili. *Elateres* ad basim capsulæ orti, bi- quadrispiri, decidui. *Flos masculus* ignotus. *Apparatus gemmiparus* nullus. *Vegetatio* frondosa, ricciæformis, subsimplex, apiceve continua, costa media nulla, superficie papilloso-areolata et porosa, denique lacero-lacunosa, subtus squamigera, strato hyperporo alto, cavernoso.

Plantæ alpinæ parvæ, humi super muscis crescentes, utriusque Continentis incolæ.

SAUTERIA ALPINA? Nees ab Esenb.

Sauteria alpina? N. ab E., *Europ. Leberm.*, IV, *S.* 143; *unularia alpina?* Bischoff et N. ab E. in *Allgem. bot. Zeit.*, 1830, II, p. 399; Bisch., *De Hepat. in Nov. Act. Ac. Nat. Cur.*, XVII, P. II, p. 1015, n.° 2, t. 67, fig. 22-28; *Grimaldia rupestris*, Kutz., *Fl. cr. exsicc.*; *Marchantia cruciata*, Sommerf., *Fl. app.*, p. 79, n.° 1201.

Hab. In pascuis locisque glareosis in *Monte la Leona* regni chilensis (Septembr.) legit B. Bertero et sub Marchantia n.° 354 in collectione celeb. B. Delessertii rei herbariæ indefessi fautoris botanicisque munificentissimi eam vidimus.

Obs. Quoique nous nous abstenions encore pour le moment de séparer cette Hépatique de sa congénère européenne, il n'en faut pas moins convenir qu'elle offre des caractères propres à l'en faire déjà distinguer. Ainsi, la fronde est plus longue, souvent également bifurquée, ce qui n'a pas lieu dans le *S. alpina* d'Europe, chez laquelle les innovations ont lieu latéralement. Il en résulte que le pédoncule qui supporte le réceptacle femelle paraît occuper, dans l'une, l'extrémité de la fronde, et que, dans l'autre, il semble latéral. Ce pédoncule lui-même est beaucoup plus long dans la plante du Chili. La face inférieure des frondes n'est pas, dans notre Hépatique, comme dans le *S. alpina*, de la même couleur que la face supérieure; elle est au contraire d'un pourpre noirâtre luisant très-intense, qui traverse même toute l'épaisseur de ses bords amincis et ondulés, et tranche avec le vert de poireau de cette dernière. Les squames qui recouvrent et dépassent légèrement les bords des frondes n'ont pas non plus la même forme dans l'une et dans l'autre. Dans la plante d'Europe elles sont ovales ou lancéolées, acuminées, très-minces et assez transparentes pour qu'on puisse distinguer la forme des cellules de leur réseau; dans les échantillons chiliens elles sont linéaires, épaisses, charnues, presque cylindroïdes et ne se laissent pas traverser par la lumière. Elles ont une certaine rigidité remarquable qu'elles ne peuvent avoir dans la congénère. La face supérieure, d'un fort beau vert quand elle est humectée, ne laisse pas apercevoir de pores, même quand on l'examine avec une forte loupe. A un grossissement de 150 diamètres, j'ai observé des papilles nombreuses, dans le centre desquelles paraissait une papillule transparente dont la rupture peut, sans doute, à une époque plus avancée du développement, donner naissance à un pore. Les papilles n'étaient pas limitées par ces lignes, qui, dans beaucoup de Marchantiées, forment une sorte de réticulation fort élégante. Le pédoncule du réceptacle acquiert jusqu'à près d'un pouce dans quelques échantillons, mais sa longueur moyenne est de 8 lignes; sa base et son sommet sont également nus. Le réceptacle femelle, dans la plante chilienne, a ses rayons involucraux unis entre eux dans une plus grande étendue. Ce réceptacle n'a pas non plus la même forme que dans la plante alpine de nos climats. Il porte en effet à son centre une saillie (*umbo*) que nous n'apercevons pas dans celle-ci. Enfin, la capsule, dont le diamètre est d'un millimètre, est conséquemment deux fois plus volumineuse que celle du *S. alpina*, qui a tout au plus un quart de ligne, tandis que le pédicelle par lequel elle est attachée au fond du tube involucral, est trois fois plus court que celui qui suspend cet organe dans l'hépatique européenne. Ce pédicelle mesure en effet tout au plus le quart du diamètre de la capsule. La calyptre paraît semblable dans l'une et l'autre forme de ce genre.

Toutes ces différences, jointes aux latitudes diverses et éloignées dans lesquelles ont été observées les deux plantes, justifieraient suffisamment leur distinction spécifique, si toutefois, lorsque rien n'oblige à prendre une détermination, il ne valait mieux attendre que de nouvelles observations vinssent contribuer à l'établir d'une manière plus solide.

Dans le cas où l'on voudrait pourtant distinguer ces deux hépatiques, nous pensons qu'on devrait les caractériser ainsi :

Hepaticæ

SAUTERIA ALPINA, Nees : *fronde subsimplici vel e latere innovante subbifida supra subtusque viridi, squamis ovato-lanceolatis acuminatis, receptaculo femineo hemisphærico, 4-6 lobato, capsula longipedicellata.*

SAUTERIA BERTEROANA, Montag. : *fronde simplici vel æqualiter bifida, subtus marginibusque adscendentibus canaliculata atro-purpurea, squamis linearibus, crassis subteretibus, receptaculo femineo hemisphærico umbonato, 3-4 lobato, lobis fere ad apicem usque simul concretis, capsula ampliori brevipedicellata.* C. M.

PREISSIA, Nees ab Esenb.

Monoica aut dioica. *Receptaculum femineum* pedunculatum, hemisphæricum, herbaceo-quadri- (bi- tri-) lobum, radiis lobis brevioribus costiformibus. *Involucra* tot quot costæ pilei iisdemque latiora, lobis receptaculi adnexa, membranacea, rima lacera deorsum extrorsumque dehiscentia, monotricarpa. *Pistilla* in singulo involucro quaterna-quina, in fasciculum congesta. *Perianthium* membranaceum, obconico-campanulatum, angulatum inæqualiter quadri- quinquefidum. *Calyptra* persistens, vertice oblique rumpens. *Capsula* brevipedicellata, quam pro receptaculi mole grandior, chartacea, in lacinias 4-8 irregulares profunde dehiscens. *Elateres* bispiri. *Semina* grosse granulata. *Receptaculum masculum* vel pedunculatum peltatum repando-lobatum margine tenui, vel (?) disciformi in sinubus lobarum frondis sessile. *Gemmarum* apparatus nullus. *Vegetatio* frondosa, parcius furcata, maximeque ex apice articulatim innovans. *Pedunculus* e lobi terminalis sinu, squamulis frondis deciduis cinctus conspersusque, innovatione ex eodem puncto proficiscente deorsum suffultus, a tergo areolatus, intrinsecus canales binos fovens sæpe coloratus. *Receptaculum* inter involucra et ex angulo centrali barbulatum.

Preissia, Nees ab Esenb., in Lindl., *Introd. in Syst. nat. pl.*, *ed.* 2, p. 414; *ejusd. Europ. Leberm.*, IV, *S.* 113.

PREISSIA ? CUCULLATA, Nees et Montag.

P. fronde plana, innovationibus geminis quadrangulari-rotundatis emarginatis, basi cucullatim contractis, subtus purpureis; fructu.....

P. cucullata, N. et M., Cent. Pl. cell. exot. nouv. *in* Ann. des sc. nat., 2.e sér., Bot., IX, p. 44.

Hab. Ad terram nudam in regno chilensi legit B. Bertero.

Frons primaria obovata, angustior, innovationes geminæ ob basim cucullatim contractam veluti petiolatæ, 3-4 lineas longæ et æque fere latæ, paulove latiores aut longiores, obtusissimæ, angulis obtusis, apice emarginatæ aut, lobis denuo emarginatis, quadrilobæ, explanatæ, tenues, sulco nullo exaratæ, virides, subtus undique purpureæ squamis parvis, vix aliquanto crassiores in medio. *Superficies* rhomboideo-areolata, *areolis omnibus porigeris. Fructificationis femineæ* rudimenta in sinu terminali frondium sita, paleis brevibus purpurascentibus cincta. Cætera ignota.

Obs. A en juger par les aréoles de la fronde, toutes marquées d'un pore, cette espèce doit appartenir ou au genre *Marchantia* ou au genre *Preissia*, ou peut-être, enfin, devenir le type d'un nouveau genre. Elle s'éloigne pourtant des Marchanties par certains caractères, ce qui nous a déterminé à la rapprocher des *Preissia*. Nous ne serions point étonné qu'elle vînt un jour se placer parmi les Lunulaires. Quant à la forme des frondes, elle est assez semblable à celle de notre *Reboullia* (*Plagiochasma*, Montag.) *chlorocarpa* (v. Ann. des sc. nat., 2.e sér., Bot., tom. V, Févr. 1836, p. 70), originaire des mêmes lieux; mais elle en diffère par des aréoles plus larges, toutes percées d'un pore, ainsi qu'on le remarque dans le genre *Preïssia*, et par des squames qui ne dépassent pas les bords de la fronde.

MARCHANTIA PAPILLATA, Raddi.

M. receptaculo femineo excentrico subdimidiatove septem (8-10) radiato demum explanato, disco papillato subtus paleaceo-hirto, radiis distantibus spathulato-dilatatis retusis ad basim deorsum convoluto-canaliculatis, fronde lineari-dichotoma.

M. papillata, var. *α brasiliensis*, Raddi, in *Mem. della Soc. Ital. di Mod.*, XIX, p. 44 (excl. var. *β italica* quæ *M. paleacea*, Bertol.); *M. androgyna*, N. ab E., in Mart. *Fl. Bras.*, I, p. 308 (excl. omn. synon.); *M. platycnema*, Schwægr., in Gaudich. *Botan.* Voy. Uran., p. 218; *M. papillata*, N. ab E., in *litt.* et in *Europ.Leberm.*, IV, *S.* 109; Dillen., *Hist. Musc.*, t. 76, *A* et *C*, *quoad frondem.*

Hab. Ad muros humidos aquæductus, loco *Corcovado* dicto, prope Rio de Janeiro. Herb. Mus. Par., n.° 33.

MARCHANTIA? PLICATA, Nees et Montag.

M.? fronde membranacea subtus transversim undulato-lamellosa pilosula, apicem versus dilatata incisa, laciniis obtusis lobatis margine cartilagineo subciliatis: receptaculo.....

Marchantia? plicata, N. et M., Cent. Pl. cell. exot., in Ann. des sc. nat., 2.e sér., Bot., t. IX, p. 43.

Hab. Ad terram in montibus, locis udis sylvarum inter *Chupé* et *Janacaché* in provincia Yungas detexit cl. d'Orbigny. Herb. Mus. Par., n.° 209.

Frondes maximæ, membranaceæ, tres-ad quatuor pollices longæ, sex ad novem lineas latæ, lineares, apicem versus dilatatæ et ibi inciso-lobatæ, lobis emarginatis, supra virides, poris minutissimis punctatæ, subtus medio villo longo radicularum et denso obsitæ, utrinque transversim epidermide plicata lamellosæ, lamellis tenuissimis curvatis apice acuto marginem cartilagineum superantibus. *Receptaculum*.....

Obs. Espèce bien distincte, si tant est qu'elle appartienne, comme nous le pensons, au genre *Marchantia*, mais dont il est impossible de dire précisément la place qu'elle y doit occuper, vu l'absence des organes de la fructification.

PLAGIOCHASMA PERUVIANUM, Nees et Montag.

Botanique, 2.ᵉ partie, pl. I, fig. 1.

P. receptaculo femineo mono-dicarpo subtus barbato, fronde lineari-oblonga simplici vel bifurca, fructificationibus seriatis, capsula sessili.

P. peruvianum, N. et M., Cent. Pl. cell. exot., *in* Ann. des sc. nat., 2.ᵉ sér., Bot., tom. IX, p. 44.

Hab. In eodem loco cum præcedente invenit cl. d'Orbigny. Herb. Mus. Par., n.° 218.

Frondes in cæspitem viridi, atro purpureo fuscoque variegatum consociatæ, simplices, raro bifurcæ, membranaceæ, sex ad octo lineas longæ, duas lineas latæ, lineari-oblongæ, apice ampliatæ, breviter emarginatæ et prolificationibus annuis ex emarginatura oriundæ innovantes, tum constricto-subarticulatæ, supra viridi-purpureæ, fusco hinc inde tinctæ, marginibus adscendentibus canaliculatæ, subtus medio incrassatæ, denso radicularum villo obsitæ, cum marginibus atro-purpureæ, transversim plicis vel rugis tenuissimis ad speciem striatæ et apicem versus tantum ob epidermidem in lacinias ovato-triangulares longe acuminatas purpureas fissam squamosæ, squamis emarginaturam tantillum superantibus, nec ad margines sub aspectum venientibus. *Facies superior* s. supina frondis perquam tenuissime reticulata, areolis hexagonis, mediis plus minusve elongatis, lateralibus minoribus magisque regularibus. *Pori* nulli. *Receptacula feminea* (raro unicum) bina ternave, seriatim, in medio frondis disposita, subtus longe barbata, singulum pedunculo suffultum brevissimo, vix bilineari striato, tortili, purpurascente-fusco, basi squamulis paucis linearibus brevibus hyalinis stipato, novissime nato non longe ante apicem frondis e costa egredienti. Hæc receptacula raro in unicum, sæpius vero in binos abeunt loculos seu involucra elliptico-subrotunda, sordide flavescentia, quando bina dorso sibi contigua verticaliter dehiscentia, integerrima. Si contigit ut involucrum adsit unicum, tunc ad modum *Antrocephali* L. L. erectum est rimaque horizontali (non verticali) dehiscit. *Retis areolæ* involucri oblongæ, interstitiis crassis distinctæ. *Calyptra* tenerrima, albida, hyalina, capsula brevior, cito sub apice rupta, e cellulis hexagonis mediocribus composita. *Capsula* sphærica, brunnea, diametro millimetra dua adæquans, apice denticulato-lacera, in fundo involucri sessilis. *Sporæ* fuscæ, polygono-sublenticulares, margine celluloso-articulatæ, septies centesimam millimetri partem metientes. *Elateres* flexuosi attenuati, tamen obtusissimi, dispiri, fibris utriculo conspicuo contiguis.

Obs. Cette Hépatique, qui appartient évidemment au genre *Plagiochasma*, établi par MM. Lehmann et Lindenberg, nous paraît différer des deux espèces du Népaul, publiées par ces savans dans leur *Pugillus quartus*. Comme le *P. appendiculatum*, notre plante a son réceptacle barbu en dessous et ses frondes linéaires, mais celles-ci sont autrement conformées et poussent de l'échancrure de leur sommet des innovations qu'on ne rencontre pas dans la plante du Népaul. D'ailleurs elle s'en distingue encore par le nombre de ses involucres, réduit à deux et même souvent à un seul, et par leur couleur, qui est jaune et non d'un pourpre noir. Elle diffère également du *P. cordatum* par son réceptacle barbu. Le *P. peruvianum* ne peut d'ailleurs être jamais confondu avec l'une ni avec l'autre de ces hépatiques de l'ancien monde, si l'on considère que la base de son pédoncule est toujours munie de squames linéaires, aiguës, courtes à la vérité, mais faciles à voir même à la loupe. On remarquera encore que dans notre espèce le réceptacle est constamment oblitéré et ne consiste pour ainsi dire que dans le sommet du pédoncule, auquel sont adossés ou suspendus les involucres. Enfin, l'espèce que nous venons de décrire se distingue par des caractères saillans des *P. Aitonia*, Nees, et *P. Rousselianum*, Montag., espèces nouvelles, dont l'une, originaire des Canaries et publiée par Raddi sous le nom de *Reboullia Madeirensis*, vient d'être retrouvée à Corfou et ramenée à son véritable genre, et l'autre n'a encore été trouvée qu'aux environs d'Alger[1]. Elle diffère en effet du premier par ses frondes, qui se continuent au moyen d'innovations apicales et non latérales, et du second par la longueur et la forme des barbes du réceptacle, de même que par la présence de squames à la base du pédoncule, et de tous les deux par sa capsule sessile au fond de l'involucre.

Explication des figures.

Pl. 1, fig. 1. *a*, touffe de *Plagiochasma peruvianum* de grandeur naturelle. On voit en *a' a'* les réceptacles femelles monocarpes, qui ont la plus grande ressemblance avec ceux du genre *Antrocephalus*, L. et L.; en *a''* un réceptacle normal, à deux involucres adossés; en *a'''* les disques mâles. *b*, une fronde détachée du groupe précédent et grossie de 3 à 4 fois. On y observe une série de trois fructifications, dont la plus rapprochée *b'* du sommet n'offre plus que le pédoncule, et la plus éloignée *b''* montre à peine la place qu'elle occupera quand elle surgira de la fronde. La moyenne seule *b'''* est à l'état adulte, et même ses séminules sont déjà dispersées. L'involucre est normalement disposé, c'est-à-dire que la fente est verticale et non transversale et supère, comme dans quelques réceptacles monocarpes. *c*, extrémité d'une fronde vue en dessous, pour laisser voir en *c'* les squames, en *c''* les radicelles nombreuses qui occupent la ligne médiane. *d*, réceptacle dicarpe, montrant en *d'* les poils blancs qui naissent autour du sommet du pédoncule. Ces deux figures sont aussi vues à un grossissement de trois à quatre fois le diamètre. *e*, une élatère grossie, comme la séminule *f*, 160 fois.

PLAGIOCHASMA CHLOROCARPUM, Montag.

P. fronde subcoriacea oblonga bifida, e latere innovante, squamis ventralibus late ovato-acuminatis, fructificationibus seriatis, receptaculo femineo bi-quadrilobo, capsula viridi.

---

1. Voyez la description et la figure que j'en ai données dans mes *Cryptogames algériennes*, Ann. des sc. nat., 2ᵉ sér., Bot., tom. X, p. 334, pl. IX, fig. 1.

Reboullia chlorocarpa, Nees et Mont., in Ann. des sc. nat., 2.e sér., Bot., tom. V, p. 70.

Hab. In regno chilensi, ubi detexit B. Bertero.

Obs. Depuis la publication que nous avons faite de cette plante, M. Nees et moi, dans la revue des espèces nouvelles de mon herbier, j'en ai étudié des échantillons plus complets et je me suis convaincu qu'elle devait être rapportée au genre précédent, dont elle a les principaux caractères. Ainsi, ses réceptacles femelles placés, au nombre de deux ou trois, à la file l'un de l'autre dans le milieu des frondes, circonstance tout à fait étrangère au *Reboullia*, et ses involucres adossés l'un à l'autre ou disposés en croix au sommet du pédoncule et s'ouvrant en dehors, non en dessous, par une fente verticale, me semblent décider péremptoirement de la place que doit occuper cette hépatique. Et non-seulement elle doit, selon moi, faire partie du genre *Plagiochasma*, mais elle n'est pas même éloignée du *P. peruvianum*, dont elle a beaucoup de caractères et dont elle ne se distingue spécifiquement que par des frondes (du reste assez semblables) qui ne se continuent pas par le sommet, mais par le côté, par ses pédoncules courts, épais, purpurins, enfin et surtout par sa capsule d'un beau vert. Les élatères sont à trois et non à deux spires, jaunes, ainsi que les spores, et non de couleur brune, etc. C. M.

Trib. IV. JUNGERMANNIEÆ.

METZGERIA FURCATA, N. ab Es.

M. furcatim prolifero-divisa, linearis, glabra, margine costaque subtus setulosis nudisve.

Var. *a. Extensa; major parce furcatim divisa, laciniis elongatis, inferne subsimplex aut alternatim ramosa.*

Jungermannia linearis, Sw., *Fl. Ind. Occ.*, III, p. 1878; *J. furcata β linearis*, N. ab Es., in Mart. *Fl. Bras.*, I, p. 325 (specimina bahiensia); *Metzgeria furcata*, v. *Extensa*, *Ejusd. Europ. Leberm.*, III, *S.* 485.

Hab. Cum *Frullania atrata*, M. et N. quam perrepit, lecta.

METZGERIA FUCOIDES, Montag. et Nees.

M. fronde lineari compressa, subtripinnata, pinnulis costatis, calyce carnoso tereti incurvo.

Jungermannia fucoides, Sw., *loc. cit.*, p. 1872; Web., *Prodr.*, p. 96; Schwægr., *Prodr.*, p. 30; Hook., *Musc. exot.*, t. 86; Nees ab Esenb., *Hep. Jav.*, p. 12.

Hab. In consortio *Mastigophoræ trichodis*, M. et N., circa *Moleto* in regione *des Yuracarès* dicta, legit eam cl. d'Orbigny. Herb. Mus. Par., n.° 315.

SYMPHYOGYNA, Montag. et Nees.

Frondosa. *Perianthium* nullum. *Involucrum* monophyllum squamiforme, incumbens dentatum. *Calyptra* lævis, exserta, coriacea, ore a stylis sterilibus persistentibus fimbriato. *Elateres* dispiri, fibris arcte contortis, coloratis. *Semina* globosa. *Flores masculi* in costa frondis, squamis arcte imbricatis laceris tecti. M. et N. in Lindl. *Introd. in Syst. nat. pl., ed.* 2, p. 452, et Ann. des sc. nat., 2.ᵉ sér., Bot., tom. V, p. 66.

SYMPHYOGYNA CIRCINATA, Nees et Montag.

S. fronde procumbente repente lineari-dichotoma, in ambitu integerrima undulata, apicibus sterilibus attenuatis, plerisque circinatim incurvis, involucro plano truncato apice brevidentato.

S. circinata, N. et M., *loc. cit.*, p. 69.

Hab. Prope Quillota in regno chilensi, ad terram locis muscosis udis secus fossas, Augusto et Septembri cum fructu perfecto legit Bertero.

SYMPHYOGYNA? SINUATA, Nees et Montag.

S.? procumbens dichotoma costata plana pinnatifida, laciniis rotundatis integerrimis, sinubus angustis obtusis, involucro monophyllo laciniato.

Jungermannia sinuata, Sw., *Fl. Ind. Occ.*, III, p. 1874; Schwægr., *Prodr.*, p. 31; Web., *Prodr.*, p. 89; N. ab E., in Mart. *Fl. Bras.*, I, p. 330.

Hab. Cum *Lophocolea Orbigniana*, N. et M., lecta.

ANEURA PINGUIS, Dumort.

A. lacero-divisa aut simplex, radiculosa, sublinearis, marginibus aut lobulatis undulatisque, aut denticulatis, calyptra lævi puberula.

Jungermannia pinguis, L., *Sp. pl.*, p. 1602; Hook., *Brit. Jung.*, t. 46; *Aneura pinguis*, Dumort., *Comment. Bot.*, p. 115, et *Syll. Jungerm.*, p. 86; Nees ab Esenb., *Europ. Leberm.*, III, *S.* 427.

Hab. Ad terram in sylvis densis, prope *Chupé*, in provincia *Yungas*, sterilis lecta. Herb. Mus. Paris., n.° 226.

FOSSOMBRONIA PUSILLA, N. ab E.

F. parvula, caule subsimplici frequentius autem apice divergenti-furcato subdichotomove, foliis oblique patulis, inferioribus undulato-lobatis lobis submucronatis, superioribus angulato tri- quadrilobis crispis, lobis angustioribus, involucro obconico dentato.

Hepaticæ

— *Jungermannia pusilla*, L., *Sp. pl.*, p. 1602 (var. β); Hook., *Brit. Jungerm.*, t. 69; Lindenb., *Hep. Eur.*, p. 94; Nees ab Esenb., *Europ. Leberm.*, III, *S.* 319.

Hab. Ad terram cum præcedente legit cl. d'Orbigny et in regnò chilensi etiam invenit Bertero.

LEJEUNIA LANGUIDA, Nees et Montag.

Botanique, 2.e part., pl. II, fig. 1.

L. caule repente subfasciculatim ramoso, ramis elongatis, foliis horizontalibus plano-patentibus subimbricatis ovatis apice acute denticulatis acutisque, basi breviter complicatis flaccidis, amphigastriis subdistantibus cordato-orbiculatis rotundatis integerrimis; fructu.....

— *Jungermannia flaccida*, Montag., *in litt. ad ill. Neesium*; *L. languida*, N. et M., *in* Ann. des sc. nat., 2.e sér., Bot., tom. V, p. 59.

Hab. Ad rupes in sylvis excelsis inter *Chupé* et *Yanacaché* sterilem legit cl. d'Orbigny. Herb. Mus. Par., n.° 194.

Caulis 1 1/2 - 3 pollices longus, per intervalla ramos longos suboppositos promens, crassiusculus et rigidulus, radiculis brevibus repens, viridis. *Folia* plano-patentia, apice acute et irregulariter tri- quadridentata, a dente terminali pauló majore acutata, læte viridia, tenera et in humido flaccida, lineam unam longa, basi brevi spatio complicata, nonnihil descendentia; *retis areolæ* parvæ, subrotundæ inæqualiter subangulatæ, limitibus contiguis, areolis intercalaribus nullis. *Amphigastria* foliis vix dimidio minora, in inferiore caulis parte approximata aut contigua, in medio caule imbricata, appressa, rotundata, integerrima, basi subcordata aliquantum decurrentia, paulo laxioris texturæ ac folia. *Fructus*.....

Obs. Cette espèce n'a d'affinité qu'avec le *Lejeunia* (Jungermannia) *semirepanda*, Hep. Jav., dont elle diffère par ses rameaux simples, par ses feuilles vertes, flasques, irrégulièrement sinuées; enfin, par ses amphigastres non imbriqués. Nous ne connaissons aucune autre espèce de ce groupe qui puisse lui être comparée.

Explication des figures.

Pl. 2, fig. 1. *a*, *Lejeunia languida* de grandeur naturelle. *b*, portion de la tige principale, munie de feuilles et vue en dessus. *c*, la même vue en dessous et grossie, comme la précédente, d'environ 8 fois le diamètre. *d*, une feuille seule vue en dessous. *e*, un amphigastre. Ces deux dernières figures sont vues à une amplification de 12 à 15 fois le diamètre. Il faut remarquer que les figures ont été faites sur des individus dont les parties ramollies dans l'eau avaient été convenablement étalées sur le porte-objet du microscope.

LEJEUNIA DEBILIS, L. et L. reform.

Botanique, 2.ᵉ part., pl. I, fig. 2.

L. caule repente filiformi vage ramoso, foliis semiverticalibus oblique cordatis apice angustioribus modo obtusis modo acutiusculis aut truncato sub-bidentatis, basi decurrente subtus breviter complicatis, amphigastriis folia æquantibus cordato-ovalibus subpeltatis anguste emarginato-bifidis, laciniis parallelis subcontiguis acutis obtusisve, perianthiis lateralibus pyriformibus, sursum acute quinquangulis, angulis cristatis dentatis mucronulatis.

Jungermannia debilis, Lehm. et Lindenb., *Pug. IV*, p. 51; *Lejeunia debilis*, Nees et Montag., *loc cit.*, p. 60.

Hab. Ad *Parmeliam perlatam* et *Frullaniam atratam*, quas perrepit, in eodem cum præcedente loco lecta.

Descriptioni duumvirorum antea laudatorum hoc addendum: *Fructus* 1-3 in ramulo brevissimo laterales, seriati. *Perianthium* obovato-oblongum s. pyriforme, basi scilicet teres, læve, apice dilatato quinquangulum, angulis compressis dentatis mucronulatis. *Folia involucralia* caulinis paulo minora, cæterum conformia, ambitu vero irregulariter dentata, interdum apice subtruncato bifida. *Amphigastrium involucrale* e basi angustiore sensim apicem rotundatum versus ampliatum repando-dentatum, apice profundius bifidum; laciniis sibi incumbentibus acuminulatis. *Retis involucralium areolæ* hexagonæ basi elongatæ, cæteræ magis regulares. *Calyptra* obovata, tenerrima, stylo recto coronata. *Pistillum* fecundatum globosum, breviter pedicellatum, viride.

Obs. Les échantillons rapportés par M. d'Orbigny nous ont mis à même non-seulement de réformer la phrase diagnostique de MM. Lehmann et Lindenberg, mais encore de compléter l'histoire de cette intéressante espèce, en faisant connaître sa fructification, qui était inconnue à ces savans. Cette circonstance nous a aussi engagés à en donner une figure. Nous ne devons pas omettre de dire qu'on trouve beaucoup de variations dans la forme des feuilles de cette Jongermanniée. Tantôt elles sont entières au sommet, tantôt elles offrent deux dents plus ou moins prononcées. Quelquefois elles sont obtuses, d'autres fois elles paraissent comme tronquées, l'un des deux angles résultant de la *troncature* étant plus aigu que l'autre. Les amphigastres sont très-brièvement émarginés au sommet; le sinus qui en naît est très-étroit, et les lobes, sensiblement aigus dans les échantillons de M. Lehmann, mais plus obtus dans les nôtres, sont tellement rapprochés l'un de l'autre, qu'ils se recouvrent même quelquefois (nous avons vu que cette disposition était normale dans les amphigastres périgoniaux) et peuvent en imposer au point de faire croire à l'intégrité parfaite de ces organes.

Explication des figures.

Pl. 1, fig. 2. *a*, individu isolé de *Lejeunia debilis*, vu de grandeur naturelle. *b*, portion de tige garnie de feuilles, vue en dessus et à un grossissement de 18 diamètres.

Hepaticæ *c*, même objet, vu en dessous, pour montrer les amphigastres. *d*, une feuille isolée encore plus grossie et vue en dessous. *e*, portion de tige portant un rameau chargé de fructifications à son sommet. Celles-ci n'offrent que leur périanthe, dont l'extrémité n'a pas dans cette figure toute l'exactitude désirable; elle est grossie douze fois. *f*, un périanthe ouvert, dont le sommet est plus conforme à la nature qu'on ne l'a vu dans la figure précédente. On voit au centre, dans sa cavité, une capsule fécondée, mais jeune encore et recouverte de sa coiffe ou calyptre. Cette figure est grossie trente-six fois.

LEJEUNIA AXILLARIS, Nees et Montag.

L. caule ramoso, ramulis apicem versus bi- trifidis patulis, foliis subverticalibus imbricatis decurvis ovatis, apice bi- tridentatis margine integerrimis, basi decurrenti saccatis, lobulo obliquo truncato, amphigastriis folio dimidio minoribus orbiculatis integris et integerrimis margine subreflexo, fructibus in dichotomia subsessilibus, perianthio ovato triquetro, angulis ciliatis.

L. axillaris, N. et M., *loc. cit.*

Hab. Ad *Peltigeram polydactylam* in sylvis montium provinciæ *Yungas* cum *Frullania atrata* invenit cl. d'Orbigny. Herb. Mus. Par., n.° 219.

Obs. Cette espèce, voisine de la précédente, en diffère pourtant essentiellement par sa tige plus roide, d'une couleur rousse plus prononcée, plus rameuse, à rameaux alternes, souvent bi- trifides au sommet, par ses feuilles formant le godet à la base et non cordées, plus larges, et dont le réseau est composé d'aréoles entre lesquelles on n'en rencontre point d'intercalaires, par ses amphigastres très-entiers, orbiculaires, tout à fait arrondis à la base, qui est légèrement décurrente de chaque côté de la tige; enfin et principalement, par ses périanthes axillaires à trois angles ciliés.

LEJEUNIA FILIFORMIS, N. ab E., in litt.

L. caule repente, ramis elongatis erectis reptantibus, ramulis remotis, abbreviatis, foliis distichis horizontalibus basi lobulatis amphigastriisque imbricatis suborbiculatis integerrimis, his margine reflexis, magnitudine foliorum; fructu (in nostris deest) *laterali, perianthio obovato compresso plicato* (ex. cl. Lehmann).

Jungermannia filiformis, Sw., *Fl. Ind. Occ.*, III, p. 1865; Schwægr., *Prodr.*, p. 36; Web., *Prodr.*, p. 32; Lehm. et Lind., *Pug. IV*, p. 17; Nees ab Es. *in* Mart. *Fl. Bras.*, I, p. 355.

Hab. Cum præcedentibus lecta.

LEJEUNIA TRIGONA, Nees et Montag.

Botanique, 2.ᵉ part., pl. II, fig. 2.

L. caule repente inordinate pinnatimque ramoso laxiusculo, foliis imbricatis apice decurvis ovato-subrotundis obtusis integerrimis subtus saccato-complicatis, lobuli margine integerrimo, amphigastriis remotiusculis suborbiculatis integerrimis planis foliis triplo minoribus; fructu axillari subsessili, involucro sæpe nullo, perianthio obovato obtuse triangulo apice trilobo.

L. trigona, N. et M., Ann. des sc. nat., 2.ᵉ sér., Bot., tom. V, p. 61.

Hab. In montibus excelsis provinciæ *la Laguna* (præfectura Santa-Cruz) imprimis loco *Nuebo mundo* dicto, in *Parmelia speciosa* parasitans, lecta. Herb. Mus. Par., n.° 395.

Plantula irregulari habitu, fusco-olivacea, laxiuscula, nec multum tamen collabescens. *Folia* valde decurva, fere orbiculata, in dorso convexo arcte imbricata, basi in sinum producta, cujus margo recta fere linea transversim desinit. *Retis areolæ* parvæ, subhexagonæ, limitibus contiguis; areolæ intercalares nullæ. *Amphigastria* orbiculata aut ovalia, cauli incumbentia, parum inter sese *distantia*, e dorso sæpe radicantia, integra et integerrima, depressa, ideoque margine subreflexa. *Perianthia* parva, ad basin ramorum lateralia et quandoque dichotomiæ imposita, ob ramulum cui breviusculo innascuntur, ad speciem sessilia, et tunc vero involucro proprio destituta soloque folio, e cujus axilla inferius prodeunt, stipata, parva, primum fere pyriformia, dein ovalia fereque teretia, subfusca. *Fructum* non invenimus.

Obs. Cette espèce est voisine du *Lejeunia* (Jungermannia) *subfusca*, *Hep. Jav.*, p. 36. Elle en diffère pourtant par son périanthe lisse, partagé en trois lobes obtus au sommet et obscurément triangulaire vers sa partie inférieure avec les faces marquées d'un léger sillon, qui disparaît lors de la sortie de la capsule. Elle diffère encore des *L. polycarpa* et *torulosa*, non-seulement par ses périanthes, mais encore par ses amphigastres plus petits et non imbriqués.

Explication des figures.

Pl. 2, fig. 2. *a*, *Lejeunia trigona* de grandeur naturelle. *b*, portion de tige munie de feuilles et vue en dessus. *c*, la même vue en dessous. Ces deux figures et la suivante sont grossies de douze à quinze fois. *d*, autre portion de tige, dans la dichotomie des rameaux de laquelle on voit en *e* un périanthe, et en *f* une capsule courtement pédicellée et ouverte en quatre valves mesurant tout au plus la moitié de la hauteur de la capsule. *g*, deux feuilles et un amphigastre vus en dessous. On aperçoit en *h* un faisceau de radicelles, et en *i* un repli formé par le bord supérieur du lobule de la feuille. Cette figure est grossie environ vingt-cinq fois.

LEJEUNIA CLANDESTINA, Nees et Montag.

L. caule procumbente pinnatim ramoso, foliis imbricatis semi-cordato-orbiculatis obtusis lobuloque lanceolato acuto tecto integerrimis, amphigastriis orbiculatis emarginato-bidentatis imbricatis folia æquantibus, fructu....

L. clandestina, N. et M., *loc. cit.*, p. 59.

Hab. Super *Collema bullatum* Raddi cum *L. bicolore* et *Frullania hiante* parasitantem in provincia *Valle grande* (Bolivia) legit cl. d'Orbigny. Herb. Mus. Par., n.° 238.

Obs. Notre espèce se rapproche du *Lejeunia chilensis*, L. et L. Elle en diffère pourtant par ses grands amphigastres orbiculaires et non ovales ou approchant de la forme quadrilatère, lesquels recouvrent en entier le lobule des feuilles. Celles-ci ne sont pas non plus, comme dans l'espèce en question, sinuées vers la base, avant la naissance du lobule. Le lobule est du double plus court que le diamètre de la feuille, très-étroit et comme canaliculé par ses bords légèrement réfléchis. Les amphigastres sont collés ou pour mieux dire moulés sur la tige, c'est-à-dire que leur centre offre une sorte de carène obtuse formée par elle, et que leur bord est recourbé; leur sommet est plutôt émarginé que bifide; le sinus qu'on y remarque est assez large, peu profond, et les deux lobes qu'il sépare sont obtus. La couleur de la plante est d'un brun foncé analogue à celle qui distingue les espèces du genre *Frullania*. Si on la mouille, toutes ses parties s'étalent promptement; mais à mesure que l'eau s'évapore, elle se contracte de nouveau et offre une largeur beaucoup moindre.

LEJEUNIA GEMINIFLORA, N. ab E., in *litt.*

L. caule repente dichotomo divaricato; foliis distichis siccando involutis basi complicatis amphigastriisque imbricatis orbiculatis integerrimis, his in medio gibbis magnitudine foliorum, perianthiis lateralibus subgeminis truncatis.

Jungermannia geminiflora, N. ab E., *in* Mart. *Fl. Bras.*, I, p. 354.

Var. β *subporosa* N. et M., *cellulis nonnullis tam foliorum quam amphigastriorum sparsim magis pellucidis poriformibus.*

Hab. Ad thallum *Parmeliæ leucomelanos* in provincia *Valle grande*, et varietatem β ad caules *Climacii dendroidis* in colle excelsa nomine *Inca* insignita parasitans et sterilis Novembri exeunte 1831 lecta.

LEJEUNIA BICOLOR, N. ab E., in *litt.*

L. caule repente dichotomo-ramoso divaricato; foliis semiverticalibus imbricatis ovatis obtusis integerrimis, basi postica complicato-saccatis, margine plicæ dentata, amphigastriis imbricatis quadratis subretusis dorso infero radicantibus; fructu laterali vel e dichotomia, perianthiis obovatis ore plicatis mucronatis.

Jungermannia bicolor, N. ab E., *in* Mart. *Fl. Bras.*, I, p. 349.

Hab. Cum *Frullania hiante*, N. et M., ad *Collema* (Leptogium) *bullatum* et *Usneam ceratinam* parasitat. Herb. Mus. Par., n.° 214.

LEJEUNIA FILICINA, N. et M.

L. caule repente, ramis erectis pinnatim ramosis; foliis arcte imbricatis ovatis acutis serratis, subtus complicatis, lobulo rotundato integerrimo, amphigastriis foliis parum minoribus imbricatis subrectangulis truncatis apice dentatis; perianthiis lateralibus oblongo-obcordatis apiculatis.

Jungermannia filicina, Sw., *Fl. Ind. occ.*, III, p. 1866; Schwægr., *Prodr.*, p. 18; Web., *Prodr.*, p. 31; Hook., *Musc. exot.*, t. 142; Nees ab Esenb., *Hep. Jav.*, p. 40, et in Mart. *Fl. Br.*, I, p. 366. Hepaticæ

Hab. Ad truncos arborum in collibus *Inca* et *Bueyes* dictis in provincia *Valle grande* lecta. Herb. Mus. Par., n.ºs 240, 350 et 357.

LEJEUNIA SERPYLLIFOLIA, Libert.

L. caule vage ramoso laxo gracili subfasciculato, foliis ovato-subrotundis (oblongisve) obtusis convexiusculis basi subsinuato-complicatis plica saccata oblique ovata folio suo plus duplo breviori, amphigastriis folio triplo (duplove) minoribus subrotundis bifidis laciniis obtusiusculis, perianthio in ramulo brevissimo laterali (terminalive) obovato clavatove sursum acute quinquangulo ore mucronato.

Jungermannia serpyllifolia, Dicks., *Crypt.*, IV, p. 19; Hook., *Brit. Jung.*, t. 42; Schwægr., *Prod.*, p. 16; Web., *Prodr.*, p. 121; *Lejeunia serpyllifolia*, Lib., *in* Ann. gén. des sc. phys., Bruxelles, VI, p. 374, t. 96, fig. 2, et *in* Spreng. *Syst. veg.*, IV, p. 233; Dumort., *Syll. Jungerm.*, p. 33; Nees ab Esenb., *Europ. Leberm.*, III, p. 261.

Hab. Ad præcedentem parasitans lecta.

LEJEUNIA THYMIFOLIA, N. ab E.

L. caule vage subramoso repente, foliis distichis distantibus obovatis planis acutiusculis subintegerrimis basi complicatis, lobulo rotundato, amphigastriis remotis ovatis bifidis laciniis acuminatis, perianthiis lateralibus obovatis ore triquetro cristato dentato-ciliato.

Jungermannia thymifolia, N. ab Es., *Hepat. Jav.*, et *in* Mart. *Fl. Bras.*, I, p. 359; *Europ. Leberm.*, III, p. 277; *Anmerk.* 2; Nees et Mont., *loc. cit.*, p. 62.

Hab. Ad terram in sylvis inter *Chupé* et *Yanacaché*, *Herpetio stolonifero* immixta lecta est.

LEJEUNIA NEESII, Montag.

L. caule arcte repente ramoso-divaricato substellato, foliis oblongo-falcatis subintegerrimis oblique adscendentibus subtus ad basim anguste complicatis plica elongata, amphigastriis distantibus parvis bifidis, laciniis rectis aut divergentibus acutis; fructibus in ramulo brevi erecto terminalibus, foliis involucralibus caulinis minoribus subintegerrimis; perianthio obovato-subgloboso quinquangulo angulis integerrimis, capsula tenerrima globosa semiquadrivalvi.

Lejeunia Neesii, Montag., Ann. des sc. nat., 2.e sér., Bot., tom. V, p. 62, pl. 2, fig. 3.

Hab. In regno chilensi, ubi ad folia invenit eam Bertero.

LEJEUNIA PULVINATA, L. et L.

L. caule cæspitoso basi repente demum adscendente erectove subramoso, foliis imbricatis semiverticalibus oblongo-rotundis integerrimis basi subtus complicatis, lobulo minutissimo ventricoso, amphigastriis remotiusculis contiguisve (numquam imbricatis) folia subæquantibus cordato-ovatis ad medium bifidis, laciniis erectis obtusiusculis; fructu terminali, involucralibus conformibus, perianthio obovato quinquangulo, angulis integerrimis inæqualibus, lateralibus prominentibus, apice mucronato.

Jungermannia (Lejeunia) *pulvinata*, L. et L., *Pugill. V*, p. 15; Nees et Montag., *l. c.*, p. 61.

Hab. Prope Callao ad terram in montibus legit amiciss. Gaudichaud mecumque benigne communicavit. In Bolivia etiam ejusdem aliqua frustula Jungermannieis aliis mixta invenit cl. d'Orbigny.

FRULLANIA ATRATA, N. ab E.

F. caule procumbente filiformi pinnatim ramoso, foliis imbricatis auriculatis oblique ovatis acutis integerrimis cauli circumvolutis, auriculis minutis oblongis saccatis, amphigastriis imbricatis oblongis bifidis; fructu in ramis brevibus terminali, involucralibus subserratis, perianthio obovato-triquetro mucronato.

Jungermannia atrata, Swartz, *loc. cit.*, p. 1863; Schwægr., *Prodr.*, p. 15; Web., *Prod.*, p. 25; Nees ab Esenb., *in* Mart. *Fl. Bras.*, I, p. 374; *Icon. sel. crypt. bras.*, t. 18 (eximia).

Hab. Ad rupes in sylvis montosis inter *Chupé* et *Yanacaché* lecta. Herb. Mus. Par., n.ºs 196 et 198.

FRULLANIA CORDISTIPULA, N. ab E.

F. caule procumbente subtripinnatim ramoso, foliis imbricatis subrotundo-ovatis obtusis mucronulatisve integerrimis, auriculis oblongis parvis parallelis tectis, amphigastriis magnis subimbricatis orbiculatis bifidis foliisque amphigastriisque involucralibus conformibus integerrimis; fructu in ramis brevibus terminali, perianthio obovato-triangulari lævi.

Jungermannia cordistipula, N., R. et Bl., *Jung. Jav.*, in *Nov. Act. Ac. nat. cur.*, vol. XII, P. I, p. 220; N. ab E., *Hep. Jav.*, p. 48, et in Mart. *Fl. Bras.*, I, p. 371; *Frullania brasiliensis*, Raddi, *Hep. bras.* in *Opusc. scient. di Bol.*; *Frullania cordistipula*, N. ab E., *Europ. Leberm.*, p. 239, *Anmerk.* I *ad F. hispanicam.*

Hab. Ad *Peltigeram polydactylam*, var. *b scutatam* in eodem loco cum præcedente lectam crescit.

FRULLANIA MUCRONATA, N. ab E.

F. caule procumbente bi- (tri-?) pinnato rigido, foliis imbricatis orbiculato-ovatis mucronatis decurvis in sicco cauli circumvolutis, auriculis tectis cylindricis obtusis cauli parallelis, ramulorum superioribus lanceolato-subulatis canaliculatis recurvis, amphigastriis subimbricatis ovalibus basi sagittatis margine reflexis bifidis laciniis obtusis; fructu in ramulis brevibus terminali, foliis amphigastriisque involucralibus amplis imbricatis bi- trifidis serratis; perianthio subcylindrico coriaceo involucro duplo longiore, ore sexfido, laciniis setaceo-cuspidatis in mucronem conniventibus. N. et M.

Jungermannia mucronata, Lehm. et Lind., *Pug. VI*, p. 54; *Jubula mucronata*, Nees et Mont., Ann. des sc. nat., 2.e sér., Bot., tom. V, p. 65; *Frullania mucronata*, Nees ab Esenb., *Eur. Leberm.*, III, p. 339, *Anmerk.* I *ad Fr. hispanicam.*

Hab. Hancce plantulam ad *Parmeliam leucomelam* crescentem invenit cl. d'Orbigny. Herb. Mus. Par., n.° 351.

Color fuscus. *Retis areolæ* minutæ oblongæ. *Amphigastria* rigidula. *Involucri folia* et amphigastria conformia, subæqualia, bi- trifida, laciniis ovatis acuminatis ciliato-serratis. *Perianthium* sesquilineam longum, læve, brunneum, chartaceum, rigidum, laciniæ ovatæ, apice connatæ in stylum filiformem cylindricum truncatum, quo denique discisso singulæ partes ejus residuum veluti pilum longum in apice secum auferunt. *Ovarium* in fundo perianthii obovatum vertice rotundato nulloque stylo præditum. Ad basin ovarii fertilis pistillum alterum abortivum, stylo longo, ovario brevi subinflato. An igitur stylus pistilli fertilis cum perianthio concretus idemque excedens mucronem, de quo supra diximus, perianthii producit?

Obs. Les échantillons de cette Jongermanniée, rapportés par M. d'Orbigny, ne répondant pas exactement à ceux qui ont servi à MM. Lehmann et Lindenberg pour établir l'espèce, nous avons été obligés de modifier légèrement la diagnose qu'ils en ont donnée. Des exemplaires authentiques, communiqués à l'un de nous par M. le professeur Kunze, nous ont au reste mis à même de prononcer sûrement sur l'identité des deux plantes, originaires d'ailleurs l'une et l'autre des mêmes contrées.

FRULLANIA HIANS, Montag. et Nees.

F. caule inferne dichotomo-ramoso, ramis pinnatis, foliis imbricatis rotundis integerrimis, margine inferiore undulatis subtus basi complicatis, auriculis fornicatis lunatis appendiculatis, amphigastriis orbiculatis margine crenulatis apice emarginato-bidentatis medio cauli affixis; fructu in ramulis terminali, foliis involucralibus cum amphigastrio ovato apice bidentato connatis, acuminatis serrulatis, perianthio plicato obtuso involucrum vix æquante.

Jungermannia hians, L. et L., *Pugill. IV*, p. 55.

Hab. Ad *Leptogium bullatum*, Nob., in iisdem cum præcedente locis a cl. d'Orbigny lecta.

FRULLANIA QUILLOTENSIS, Nees et Montag.

F. caule pinnatim decomposito diffuso, foliis imbricatis patulis cordato-orbiculatis integerrimis basi ventrali inflexa auriculigera, auricula revoluto-cucullata acumine brevi subulato, amphigastriis obovato-subrotundis patulis margine subreflexis dorso styliferis bifidis sinu laciniisque acutis; fructu in ramis terminali, foliis involucralibus integerrimis auricula subulata canaliculata, amphigastrio involucrali magno bifido laciniis subulatis inferne basique dentatis; perianthio obovato dorso convexo medioque subtus alte carinato marginibus deflexis carinaque denticulatis.

Jubula quillotensis, Nees et Montag., Ann. des sc. nat., 2.e sér., Bot., tom. V, p. 64, pl. 1, fig. 2.

Hab. Ad cortices arborum in sylvis umbrosis circa Quillota regni chilensis legit Bertero.

FRULLANIA TETRAPTERA, Nees et Montag.

F. caule pinnato, ramis inæqualibus alternis, foliis laxis cordato-ovatis obtusis subtus auriculatis, caulinorum auricula hemisphærica obliqua extus truncata, superiorum sensim acuminato-subulata margine reflexo, amphigastriis orbiculato-subovatis obtuse carinatis concavis bifidis, laciniis sinuque acutis, e dorso radiculosis; fructu in ramulis terminali, foliis involucralibus longe bifidis segmentis acuminatis cum amphigastrio connatis dentatisque, perianthio tetragono mucronulato involucrum vix superante, calyptra virginea obovata stylo brevi recto coronata, capsula sphærica (immatura) nutante brevissime pedicellata.

Frullania tetraptera, Nees et Montag., Ann. des sc. nat., 2.e sér., Bot., tom. IX, p. 47.

Hab. Prope Valparaiso in Chile a cl. d'Orbigny ad cortices ramorum detecta.

Color plantulæ fuscus nigricans. *Caulis* semipollicaris, longior, repens, statim a basi pinnatim ramosus. *Rami* alterni, inæquales, inferioribus supremisque minoribus. *Folia* laxa, non imbricata, alterna, cordato-ovata, obtusa, convexa inflexaque, subtus in auriculam diversæ formæ abientia. *Auricula* foliorum caulinorum hemisphærica, obliqua extusque truncata; supremorum ramulorumque lanceolata, acuminato-subulata, margine reflexa. *Amphigastria* orbiculato-subovata, in medio gibba s. obtuse carinata, lateribus applanatis, bifida, laciniis sinuque acutis, e dorso radiculosa. *Retis areolæ* marginales subquadratæ, cæteræ hexagonæ subrotundæ, interstitiis crassis. *Fructus* in ramis terminalis. *Folia* involucralia profunde bifida cum amphigastrio dentato connata. *Perianthium* obovatum, tetragonum, angulis obtusis, ore trifidum mucronulatum. *Calyptra* virginea stylo brevi coronata sub apice rumpens. *Capsula* globosa, immatura nutans, brevissime pedicellata.

Cette espèce, bien distincte de toutes ses congénères, en diffère principalement par la soudure de ses diverses feuilles involucrales et par son périanthe à quatre angles saillans et mousses. Ces quatre angles sont disposés de manière que dans une coupe horizontale du milieu du périanthe, les deux supérieurs ou dorsaux, plus éloignés l'un de l'autre, sont placés sur un même plan, tandis que les deux inférieurs ou ventraux, plus rapprochés, divergent un peu à droite et à gauche. La laxité des feuilles donne à la tige la forme d'une scie à dents arrondies.

RADULA PALLENS, N. ab E.

R. caule repente, ramis ascendentibus dichotomo-divaricatis, foliis subimbricatis subrotundis obtusis integerrimis inferne lobulatis, lobulo planiusculo obtuso subtruncato; fructu e dichotomia lateralique, perianthio longe obconico subinfundibuliformi.

Jungermannia pallens, Sw., *Fl. Ind. occ.*, III, p. 1847; Schwægr., *Prodr.*, p. 23; Web., *Prodr.*, p. 59; Nees ab Esenb., *in* Mart. *Fl. Bras.*, I, p. 375.

Hab. Frustulum hujusce speciei in lichenibus parasitantem invenimus.

RADULA XALAPENSIS, Nees et Montag.

Botanique, 2.e part., pl. I, fig. 4.

R. caule procumbente dense pinnatim ramoso, foliis densissime imbricatis orbiculatis obtusis integerrimis basi complicatis, lobulo lato subquadrato marginibus undato-reflexis, fructu in ramis laterali terminalique, perianthio sicco obpyriformi s. clavato, madido subinfundibuliformi ore repando.

R. xalapensis, N. et M., Ann. des sc. nat., 2.e sér., Bot., tom. V, p. 56.

Hab. In Bolivia ad rupes locis humidis in sylvis montosis inter *Chupé* et *Yanacaché* legit cl. d'Orbigny atque super *Stictam quercizantem* (non *S. cometiam*) crescentem invenimus. Herb. Mus. Par., n.° 213. C. M. (Vidi in Herb. Funck., N. ab E.)

Caulis procumbens, bi- tripollicaris, irregulariter pinnatim bipinnatimque ramosus. *Rami* densi, plerique breves, longioribus tamen e medio caulis præsertim enatis immixti, fere ad angulum rectum patentes, alterni, unum alterumve ramulum emittentes. *Folia* densissime imbricata, oblongo-subrotunda, obtusa, cauli paulum obliqua, integerrima, basi subtus complicata, lobulata. *Lobulus* late subquadratus folio suo triplo minor, margine undulatus, apice rotundato (haud truncato) liber, subreflexus. *Color* lutescens chartam quo, ut ea siccescat, collocatur, eodem colore et intensiore tingens. *Fructus* (quem in speciminibus Pavonianis deprehendimus) in ramis lateralis terminalisque. *Folia involucralia* caulinis majora, perianthio dimidio minora, lobuloque dimidiam folii longitudinem superante prædita. *Perianthium* in planta exsiccata clavatum, lineam lon-

Hepaticæ gum, madefactum obconicum subinfundibuliforme, ore 1/3 lin. lato subrepandum, basi angustissimum teres. *Pistillum* fecundatum minimum oblongum, stylo brevi recto munitum, pistillis abortivis 4-6 basi cinctum.

Obs. Cette élégante Hépatique ressemble au *Radula complanata*, dont elle diffère par le lobule de ses feuilles beaucoup plus grand, ondulé, dilaté à la base et réfléchi. Il en résulte que quand on observe l'espèce péruvienne en dessous, la tige paraît garnie dans toute sa longueur d'une sorte de crête ondulée crispée. La couleur est aussi différente de celle des autres espèces connues de ce genre. Elle se distingue encore du *Radula pallens* par sa ramification pennée, non dichotome. Enfin, ce dernier caractère la rapproche du *Radula Boryana*, originaire des îles de France et de Bourbon; mais toute confusion devient impossible dès que l'on fait attention à la conformation du globule des feuilles, qui dans cette espèce est aigu et plane.

Depuis que nous avons publié une diagnose de cette espèce dans les Annales des sciences naturelles, l'un de nous en a trouvé des échantillons chargés de périanthes dans l'herbier de Pavon, appartenant actuellement à M. P. B. Webb. Ces échantillons étant identiques à ceux rapportés par M. d'Orbigny et originaires de la même contrée, le Pérou, nous nous sommes empressés d'ajouter à la diagnose et à la description manuscrite que nous en avions faite, les nouveaux caractères tirés de ces organes. Nous devons regretter que notre planche ait été faite avant leur découverte.

Explication des figures.

Pl. 1, fig. 4. *a*, un individu de *Radula xalapensis* de grandeur naturelle. *b*, portion de la tige principale munie de quelques rameaux et vue en dessous à une amplification de sept à huit fois le diamètre. *c*, trois feuilles de la tige en place et vues en dessus. *d*, quatre autres feuilles de la même tige, vues en dessous, pour montrer la forme remarquable et caractéristique des auricules. Ces deux figures sont grossies douze fois.

TRICHOCOLEA TOMENTELLA, N. ab E.

T. caule furcato bi- tripinnatim ramoso, foliis bipartitis capillari-multifidis, ventrali minore antrorsum inclinata, amphigastriis quadripartitis capillari-multifidis. Var. *β. Tomentosa, caule simpliciter pinnato infra fructificationes haud diviso.* Lindenb., *Hep. Eur.*, p. 19.

Jungermannia tomentosa, Sw., *Fl. Ind. occ.*, III, p. 1867; Schwægr., *Prod.*, p. 22; Web., *Prodr.*, p. 49.

Hab. Ad *Stictam quercizantem* frustulum inveni.

MASTIGOPHORA, N. ab E.

Fructus versus apicem caulis in ramulo proprio brevi lateralis. *Involucrum* polyphyllum, ovato- aut clavato-imbricatum, e foliis amphigastriisque majoribus magisque incisis constans, interioribus basi connatis. *Perianthium* nullum. *Calyptra* inclusa libera chartacea. *Capsula* globosa, ad basin usque quadrivalvis, subcoriacea, valvis laxiusculis recurvis margine irregulariter inciso aut subdentato. *Elateres* parietibus interioribus undique adhærentes, decidui, filiformes, dispiri. *Semina* subangulata. *Flores masculi* in ramulo magis inferiori trifariam imbricato, foliis perigonialibus subconformibus. *Folia* incuba, decurva, fissa (2-4fida), integra aut dentata. *Amphigastria* bi-plurifida, basi sæpe calcarata. Ramuli furcati dichotomive, rarius simplices, apice attenuati, decurvi, secundi, teretes, quandoque apice radicantes.

Plantæ terricolæ, erectæ aut ascendentes, in muscis parasitantes, quam pro genere speciosiores. N. ab E., *Europ. Leberm.*, III, p. 89.

MASTIGOPHORA MICROPHYLLA, Montag. et Nees.

M. caule erecto pinnatim supra decomposito, ramis pendulis apice capillaribus, foliis distantibus oblongo-quadratis amphigastriisque late quadratis parvis planis quadrifidis, involucro laterali subclavato nudo.

Jungermannia microphylla, Hook., *Musc. exot.*, t. 80; Nees ab Esenb., *Hep. Jav.*, p. 15.

Hab. Cum sequente ad terram locis saxosis humidisque in montibus excelsis, præsertim loco *la Aguada* dicto secus viam a *Rio de la Reunion* ad *Moleto* ducentem legit hancce speciem cl. d'Orbigny. Herb. Mus. Par., n.° 314.

MASTIGOPHORA TRICHODES, N. ab E.

M. caule erecto pinnatim composito vel decomposito capillari, ramis decurvis, foliis distantibus subquadratis amphigastriisque late quadratis minutissimis planis subquadrifidis, fructu laterali, involucro clavato crinito.

Jungermannia trichodes, N. ab E., *Hep. Jav.*, p. 14.

Hab. In eodem loco cum præcedente.

HERPETIUM, N. ab E.

Perianthium in ramulo perichætiali brevi ex amphigastrii axilla aut magis latera versus oriente adscendente terminale elongatum, teretiusculum, obtuse triplicatum, ore denticulato integrove, quandoque uno latere fissum, membranaceum. *Perichætii* folia complura, parva, diversiformia, undique imbricata. *Calyptra* membranacea, tenuis, inclusa. *Capsula* ad basim usque quadrivalvis. *Elateres* fibra duplici ad speciem nudi. *Antheræ* in ramulo spiciformi aut turioniformi dense imbricato ex amphigastrii axilla oriente.

Folia incuba, sæpe apice dentata et decurva. *Rami ventrales* plerique flagelliformes microphylli, aut apice saltem in flagella abeuntes. N. ab. E., *Europ. Leberm.*, III, p. 27.

HERPETIUM (Mastigobryum) STOLONIFERUM, N. ab E.

H. caule adscendente flagellifero, foliis imbricatis convexis ovato-lanceolatis falcatis tridentatis dentibus acuminatis repandis, amphigastriis quadratis quadricrenatis. Fructu....

Jungermannia stolonifera, Swartz, *loc. cit.*, p. 1862; Schwægr., *Prodr.*, p. 19; Web., *Prodr.*, p. 43; Nees ab Esenb., in Mart. *Fl. Bras.*, I, p. 376.

Hab. Ad terram humidam sylvarum inter *Chupé* et *Yanacaché* (Bolivia) sterilem et *Lejeuniæ thymifoliæ* immixtam legit cl. d'Orbigny.

HERPETIUM (Mastigobryum) VINCENTIANUM, L. et L.

H. caule procumbente dichotomo flagellifero, foliis subimbricatis lineari-lanceolatis deflexis basi decurrentibus apice tridentatis dentibus acuminatis, amphigastriis imbricatis oblongo-quadratis basi cordata amplexicaulibus apice irregulariter crenatis. Fructu....

Jungermannia vincentiana, L. et L., *Pugill.*, IV, p. 59.

Hab. Frustulum unicum in n.° 315 in Bolivia lectum inveni.

Obs. Mon échantillon unique et d'ailleurs incomplet ne diffère de ceux que j'ai reçus de M. le professeur Lehmann que par la couleur, qui est d'un vert jaunâtre foncé dans les exemplaires de l'île Saint-Vincent, et noirâtre dans le mien. Cette différence, qui tient ou à l'âge ou mieux encore à la localité, est la seule que j'observe. Le caractère essentiel qui distingue cette espèce de toutes ses congénères, je veux dire ses amphigastres en cœur et embrassans à la base, se retrouve dans mon échantillon. J'ai encore retrouvé cette espèce sur des tiges de l'*Hypnum spiniforme*, L., qui m'a été adressé par M. Hooker sans indication d'origine.

HERPETIUM (Mastigobryum) SCUTIGERUM, Nees et Montag.

H. caule procumbente subdiviso, foliis distiche patentibus concavis ovato-subfalcatis apice truncatis bi- tridentatis; amphigastriis duplo minoribus distantibus ovali-rectangulis repandis truncato-obtusis, basi brevi-cordatis appressis patulisve. Fructu....

Herpetium scutigerum, N. et M., *loc. cit.*, p. 44.

Hab. Cæspites *Dicrani longiseti* Hook., adrepentem locis udis sylvarum secus rivulum *Icho* in provincia *Mojos* Boliviæ detexit hancce eximiam et distinctissimam speciem cl. d'Orbigny.

Species pulchra *Herpetio stolonifero* et *vincentiano* affinis, at distinctissima charactere quem supra exposuimus. *Caulis* rigidus, pollicaris, crassus, horizontalis, glaber, rufus. *Folia* approximata nec imbricata, semiverticalia, adnexa, horizontaliter fere patentia, parumper declinata, 3/4 lineæ longa, ovata, margine postico (ventrali) rectiusculo, leniter repanda, apice modice coangustata truncata denticulisque in plerisque ternis raro binis acutis prædita, rigidula, lutescentia, retis areolis orbiculatis intercalaribus vix duplo minoribus sæpe confluentibus cinctis. *Amphigastria* foliis duplo fere minora, magisque distantia, ex ovali-rectangula, basi leniter cordata apice obtusa aut fere truncata, angulis rotundatis, marginibus omnibus magis minusve repandis. In statu normali cauli incumbunt amphigastria, pleraque autem pullulante ex eorum angulo flagello hujus vi elevata patent. *Innovationes* terminales multo graciliores, foliis minoribus magisque distantibus, acute bi- tridentatis præditæ, amphigastriis quandoque gaudent solitæ magnitudinis, quod sane mirandum. *Flagella* creberrima, longa, foliolis minutis triangularibus obtusiusculis patulis distantibus instructa.

CALYPOGEIA, Raddi, reform.

Perianthium carnosum, pendulum, setulis (seu radiculis) erectis hirtum, apice cauli adnatum, juxta punctum adhæsionis latereve setam emittens e fundo incrassatæ adscendentem. *Calyptra* inclusa membranacea libera. *Capsula* torta, quadrivalvis, valvulis angustis emisso semine patentibus et contortis. *Stamina* in ramulo brevissimo apice capitato ex amphigastriorum angulo nascente, aggregata, involucro lacero cincta. *Propagula* capitata. *Plantæ* repentes foliis incubis. *Flagella* caulis ventralia nulla aut rara. *Perianthia* subterranea. *Amphigastria* bifida. *Folia* integra aut bifida.

CALYPOGEIA PERUVIANA, Nees et Montag.

C. caule procumbente ex axillis amphigastriorum flagellifero ramoso, foliis subhorizontalibus, caulinis ovatis apice angustioribus conniventi-bidentatis, dentibus acutis; flagellorum (sarmentorum) minoribus ad medium usque fere bifidis, amphigastriis patentibus transversalibus emarginato-bilobis, lobis obtusis. Fructu....

Calypogeia peruviana, N. et M., *Cent. pl. cell. exot.*, in Ann. des sc. nat., tom. IX, p. 17.

Hab. Ad rupes in sylvis excelsis inter *Chupé* et *Yanacaché* sterilis lecta.

LOPHOCOLEA, N. ab E.

Perianthium in caule ramisve primariis terminale, superveniente in multis innovatione solitaria laterale aut axillare, liberum, inferne tubulosum, superne

Hepaticæ acute triquetrum ore trilobo dentato-cristato superius sæpe profundius fisso. *Involucri* folia et amphigastria discreta, pauca, a caulinis diversa, majuscula. *Pistilla* quamplurima. *Calyptra* ovalis, membranacea, inclusa, basi solubilis apiceve rumpens. *Capsula* ad basin usque quadrivalvis. *Elateres* fibra duplici, nudi, decidui. *Involucra mascula* difformia, minora, dense imbricata, capitulum construentia denique ex apice proliferum. *Antheræ* globosæ, filamento longiusculo. *Folia* succuba, subhorizontalia, rarius semi-verticalia in dorso caulium decurrentia apice bi- pluridentata. *Amphigastria* in omnibus patulo-incurva, ample reticulata, bifida, laciniis magis minusve incisis; aut propter lacinias primarias æque divisas, quadri- sexdentata; in exoticis pluribus amphigastria basi cum foliis proximis cohærent.

Plantæ mediocres aut grandiusculæ, teneritatem quandam præ se ferentes, procumbentes, laxe aut arctius repentes, plæræque pallidæ, aut saltem in sicco statu pallescentes. N. ab E., *Eur. Leberm.*, II, p. 321.

LOPHOCOLEA CONNATA, N. ab E.

L. caule repente vage ramoso, foliis distichis horizontalibus ovato-quadratis emarginato-bidentatis per paria cum amphigastriis bi- quadrifidis connatis; fructu terminali, perianthiis prismaticis ore involucroque ciliato-serratis.

Jungermannia connata, Swartz, *loc. cit.*, p. 1851; Schwægr., *Prodr.*, p. 17; Web., *Prodr.*, p. 36; N. ab E., in Mart. *Fl. Bras.*, I, p. 332; *Icon. select. crypt.*, t. XVII, fig. 2.

Hab. Frustulum ad Lichenes in Bolivia lectos invenimus.

Obs. Le *Lophocolea coalita*, Hook. diffère-t-il du *L. connata* et celui-ci du *L. coadunata*, Sw.? Ces trois espèces ont cela de commun entre elles, que leurs feuilles bidentées se confondent par leur bord supérieur avec la base des amphigastres. Si l'on s'en rapporte aux descriptions, nul doute qu'on ne trouve entre ces espèces des différences notables. Mais en est-il de même dans la nature? C'est ce que quelques hépaticologistes ont mis en doute. Recherchons si ces doutes sont fondés. S'il suffisait en effet de posséder des échantillons authentiques de ces trois espèces pour débrouiller leur histoire, il me serait peut-être possible de jeter quelque lumière sur la question. Le *Lophocolea connata* est une des espèces les plus communes sous les tropiques; aussi l'ai-je reçue d'un grand nombre de localités; mais mes échantillons types ont été vus par M. Nees. D'un autre côté, je dois à l'amitié du docteur Mougeot un exemplaire authentique du *Lophocolea coalita*, qu'il tenait de M. Hooker lui-même. Enfin, mon ami M. Webb m'a communiqué, avec sa générosité ordinaire, des échantillons du *Lophocolea coadunata* provenant des herbiers de Desfontaines et de Labillardière, auxquels Swartz les avait envoyés. Voilà pour l'origine de mes types; voyons un peu maintenant en quoi ces trois plantes diffèrent réellement entre elles et si ces différences ont une valeur spécifique.

Le *Lophocolea coalita* est tout à la fois, par sa taille, sa couleur et le mode d'union de ses amphigastres avec les feuilles, une espèce bien distincte, même à la vue simple, des deux autres espèces auxquelles je le compare. Sa tige est effectivement roide et robuste comme celle d'un *Plagiochila*, et ses feuilles sont d'un jaune tirant sur le brun. La tige des *L. connata* et *coadunata* est au contraire très-faible et leurs feuilles ont une couleur propre qui approche du cendré-violacé. On les dit *pallide virentia* à l'état de vie. La figure fort exacte qu'en a donnée M. Hooker montre que le bord supérieur de la feuille n'est pas horizontal, comme dans les deux autres congénères, mais presque aussi incliné en sens inverse que l'inférieur, en sorte que chaque feuille représente pour ainsi dire un triangle isocèle tronqué au sommet. Les amphigastres ne sont pas bifides: ils forment sur la face ventrale de la tige une sorte de crête transversale semi-orbiculaire, dont la base se confond de chaque côté avec le bord supérieur des deux feuilles voisines, et dont le bord libre porte six dents placées à égale distance l'une de l'autre. Un dernier trait de dissemblance, et c'est le plus essentiel, consiste en ce que, dans la plante de M. Hooker, les fructifications sont latérales, tandis qu'elles sont toujours terminales dans le *L. connata*, et indifféremment terminales (Swartz), et latérales (Web.) dans le *L. coadunata*. Le périanthe est d'ailleurs si différent dans les trois espèces, qu'il suffirait seul pour les caractériser.

Le *Lophocolea coadunata* paraît une espèce encore mal connue. Jusqu'ici, dans les descriptions qu'on en a données, il n'est en aucune manière question des amphigastres. Cette absence d'un organe si essentiel suffisait en effet pour le distinguer sûrement du *L. connata*. Mais il n'en est point ainsi; la plante étiquetée de la propre main de Swartz porte des amphigastres. Ceux-ci sont bifides et chacune des divisions est elle-même partagée en deux longues dents à peu près égales et divergentes, ou bien, surtout dans le bas des tiges, ne porte qu'une seule dent assez courte vers la base. Ils s'unissent, mais à des hauteurs différentes, avec les deux feuilles voisines, le bord droit descendant par une aile imperceptible le long de la tige jusqu'à ce qu'il ait atteint la feuille de droite qui est immédiatement au-dessous. Le sinus qui sépare les dents du sommet des feuilles est profond et arrondi, tandis que dans les *L. coalita* et *connata* ce sinus, résultant de la troncature de la feuille, est complètement droit. J'ai trouvé des fructifications dans les échantillons de Swartz; elles sont ou latérales ou terminales. Swartz les dit terminales. Les folioles involucrales sont fortement concaves, bidentées au sommet, les dents séparées par un sinus peu profond, mais arrondi. L'amphigastre involucral, presque quadrilatère, est divisé profondément en plusieurs lanières. Le périanthe est un prisme triangulaire, composé de trois folioles à peu près égales, soudées ensemble dans le tiers inférieur seulement de leur longueur. Libres dans le reste de leur étendue, elles sont ciliées en leurs bords et longuement bifides au sommet. Swartz, qui paraît avoir bien vu cet organe, le décrit ainsi : *Foliola lanceolata erecta conniventia, apice excisa bi- tridentata subinde margine lacinulata.* Au centre de ce singulier périanthe, qui a au moins une ligne de long, et qui est bien différent de celui du *L. connata,* j'ai observé une vingtaine de pistils (*Archegones,* Bisch.), dont aucun n'était encore fécondé. Laissant de côté une foule de caractères secondaires, le *L. coadunata* est donc bien distinct du *L. connata* non-seulement par la position, mais encore par la forme de son périanthe, dont au reste je n'ai vu faire mention nulle part ailleurs que dans la Flore des Indes occidentales.

Les espèces comparées ici diffèrent toutes trois du *L. combinata*, Nees, par leurs feuilles bi- et non tridentées. Le *Lophocolea lucida*, Nob., qui a aussi des feuilles bidentées et connées avec les amphigastres, et fait conséquemment partie du groupe auquel appartiennent ces Jongermanniées, s'en distingue facilement par ses feuilles imbriquées, dont le bord supérieur est ondulé et le sommet infléchi. Dès qu'on l'aura vu une fois, on ne pourra le confondre avec les précédentes. C. M.

LOPHOCOLEA HOMOPHYLLA, N. ab E.

L. caule repente subsimplici, foliis distichis semiverticalibus adscendentibus ovato-subquadratis emarginato-bidentatis dentibus inæqualibus subulato-acutis, amphigastriis liberis emarginato-bifidis laciniis acuminatis extrorsum dentatis ; fructu....

Jungermannia homophylla, N. ab E., in Mart. *Fl. Bras.*, I, p. 336.

Hab. In *Parmelia leucomela* parasitantem hujus speciei individuum unicum invenimus.

LOPHOCOLEA ORBIGNIANA, Nees et Montag.

Botanique, 2.e part., pl. II, fig. 3.

L. caule subsimplici flexuoso adscendente, foliis subsemiverticalibus orbiculatis convexis undique longe dentato-ciliatis, amphigastriis distantibus cum folio cohærentibus ovato-subrotundis apice basique utrinque ciliato-bidentatis e dorso infero radicantibus; fructu....

L. Orbigniana, N. et M., *loc cit.*, p. 55.

Hab. In sylvis excelsis secus vias non longe a *Chupé*, provinciæ Yungas, in Bolivia detexit cl. d'Orbigny, cujus nomine, ut par erat, hanc speciem in muscos irrepentem insignire statuimus. Herb. Mus. Par., n.° 183.

Planta bipollicaris, caule rigidulo irregulariter dichotome fasciculatimve ramoso, simplicique, fibris planis e basi amphigastriorum oriundis muscis irrepens, inferne cum foliis fusca, superne pallida. *Folia* parum obliqua, disticho-patula, convexa, subrotunda, apice subtruncata marginibus ciliatis decurvis, ventrali ad basin profundius inciso cum amphigastrio sui lateris per angustum projecturam coeunte; *areolæ* hexagonæ, subrotundæ, limitibus in junioribus confluentibus, in adultioribus discretis; intercalares parvæ in adultioribus foliis effusæ. *Amphigastria* foliis plus duplo minora ejusdemque texturæ. *Cilia* foliorum et amphigastriorum basi ex areolis biseriatis constant, maximam partem autem e simplici areolarum serie.

Obs. Notre espèce est voisine du *L. arguta*, N. ab E., *Hep. Jav.* Elle en diffère, comme de toutes ses voisines, par des feuilles longuement ciliées dans toute leur périphérie libre, par ses cils recourbés en dessous et plus longs sur le bord dorsal que sur le bord ventral des feuilles, par ses amphigastres divisés jusqu'au milieu en deux lanières droites, sétacées, munies chacune à la base de deux ou de trois cils très-ouverts.

Explication des figures.

Pl. 2, fig. 3. *a*, *Lophocolea Orbigniana* vue de grandeur naturelle. *b*, portion de tige garnie de feuilles bien étalées, vue en dessus. *c*, la même vue en dessous. Ces deux figures sont grossies environ 15 fois. *d*, tige vue en dessous à un grossissement de 25 fois le diamètre, et montrant la manière dont un amphigastre s'unit aux deux feuilles qui lui sont immédiatement inférieures.

JUNGERMANNIA, Linn., reform.

JUNGERMANNIA CAPILLARIS, Swartz.

J. caule repente vage subpinnatimque ramoso, foliis distichis imbricatis amphigastriisque tri- quadripartitis, laciniis subulatis articulatis integerrimis; fructu in ramulis brevibus terminali, involucri foliis interioribus connatis perianthiique prælongi quadrangularis ore laceris.

J. capillaris, Swartz, *loc. cit.*, p. 1856; Schwægr., *Prodr.*, p. 26; Web., *Prodr.*, p. 46; Lehm., *Hep. Cap.*, in *Linnæa IV*, p. 364; *Jungermannia crinita*, Desvaux, Journ. bot.

Hab. In *Dicrano longiseto* aliquot individua parasitantia invenimus.

JUNGERMANNIA PROSTRATA, Swartz.

J. caule prostrato simplici ramosove, ramulis erectis, subtus nudo flagellis reptante: foliis distichis antrorsum imbricatis ovato-subrotundis semiverticalibus subintegerrimis obtusis pallidis....

Jungermannia prostrata, Swartz, *loc. cit.*, p. 1846; Schwægr., *Prodr.*, p. 61; Nees ab Esenb., *Hep. Jav.*, p. 29.

Hab. Cum præcedente.

PLAGIOCHILA, Montag. et Nees.

Perianthium aut terminale aut in ramulo brevi laterale, sub anthesi saltem (plerisque autem omni ætate) a tergo ventreque compressum et ab initio decurvum, læve, ore oblique truncato, nudo, ciliato denticulatove, demum subbilabiato. *Involucri folia* duo, a caulinis haud diversa. *Pistilla*

Hepaticæ multa. *Capsula* firma, usque ad basin quadrivalvis. *Elateres* mediis valvis inserti, longi, dispiri, decidui. *Flores masculi* vel spiciformes distichi caule, sive ramo, ex apice continuo, foliis perigonialibus minoribus arcte imbricatis, vel in angulo foliorum superiorum conformium magisque imbricatorum.

Plantæ terricolæ, saxicolæ, rivulares, speciosæ. *Caulis* primarius procumbens aut repens, rami sæpe erecti aut procumbentes, raro radiculas agentes, simplices, bifidi vel dendroidei. *Folia* succuba; aliis dimidiata, sæpius subsecunda, margine dorsali recto reflexo in dorso caulis decurrente, ventrali magis minusve arcuato et in multis denticulato aut ciliato; aliis biloba, lobo dorsali plerumque minori sursum reflexo. *Amphigastria* in paucis obvia (Europæis omnino deficientia). M. et N., in Ann. des sc. nat., 2.e sér., Bot., tom. V, p. 52; Nees ab Esenb., *Europ. Leberm.*, III, p. 515.

I. SCAPANIÆ. *Folia biloba.*

PLAGIOCHILA UNDULATA, Montag. et Nees.

P. foliis dentato-ciliatis denticulatis integerrimisve laxis patulis, lobis trapezoideo-rotundatis, inferiori convexo solo vel utroque patulis, superiori diametrum transversalem lobi inferioris æquante, foliorum superiorum lobis subæqualibus, perianthio compresso involucro duplo longiore.

Jungermannia undulata, Linn., *Sp. pl.*, p. 1598 (quæ nostra var. *B*).

Var. *A* ζ. *Boliviensis*, N. et M., *caule quadripollicari inferne denudato, foliis supremis confertis viridi, fusco purpureoque tinctis, lobis ovato-orbicularibus, superiori minore inferiori incumbente, utroque convexo toto ambitu tenuissime denticulato.* Varietati ε speciosæ proxima.

Hab. In saxosis humidis sylvarum prope locum *Incho* dictum, secus viam a *Rio de la Reunion* ad *Moleto* ducentem legit cl. d'Orbigny. Herb. Mus. Par., n.° 323.

II. ASPLENIOIDEÆ. *Folia dimidiata, lobulo dorsali nullo.*

PLAGIOCHILA SUBINTEGERRIMA, Montag. et Nees.

P. caule repente adscendente ramoso, foliis per paria approximatis subverticalibus obovato-oblongis subintegerrimis; fructu ob innovationes dorsali, perianthiis ovatis compressis, ore truncato ciliato.

Jungermannia subintegerrima, N. ab E., *Hep. Jav.*, p. 79.

Hab. In eisdem locis cum præcedente et *Mastigophora microphylla* lecta est.

PLAGIOCHILA SUPERBA, Montag. et Nees.

P. caule procumbente, ramis adscendentibus irregulariter divisis longissimis, foliis subimbricatis, plano-distichis horizontalibus dimidiato-ovatis subscalpelliformibus obtusis, margine antico apiceque dentato-ciliatis, postico integerrimo inflexo, demum in dorso caulis longe decurrente; fructu....

Jungermannia superba, Nees in Spreng. *Syst. veget. cur. post.*, p. 326, n.°, 204.

Hab. Ad rupes locis udis sylvarum inter *Chupé* et *Janacaché* in Bolivia sterilem legit cl. d'Orbigny. Herb. Mus. Par., n.° 204. Surcula pleraque mascula.

PLAGIOCHILA ABIETINA, Montag. et Nees.

P. caule repente adscendente ramisque pinnato-ramosis, ramulis attenuatis, foliis dimidiato-ovatis acutiusculis spinuloso-dentatis, caulinis deflexis convexis; fructu in ramis terminali, perianthiis compressis truncatis ciliatis.

Jungermannia abietina, Nees ab Esenb., *Hep. Jav.*, p. 76.

Hab. In *Sticta quercizante* parasitantem hanc speciem observavimus.

Obs. La ramification pennée de cette espèce, ainsi que ses feuilles caulinaires déjetées en bas, la font sur-le-champ distinguer de toutes ses congénères. Les échantillons que nous avons trouvés sur le lichen cité n'offraient point de périanthes.

PLACHIOCHILA GYMNOCALYCINA, Montag. et Nees.

P. caule repente, ramis erectis, foliis remotiusculis subverticalibus subreflexis dimidiato-ovatis apice margineque superiore spinuloso-dentatis; fructu terminali, perianthio nudo cylindrico subcompresso ore ciliato.

Jungermannia gymnocalycina, L. et L., *Pugill. V*, p. 28.

Hab. In saxosis humidis sylvarum circa *Moleto* et in sylvis excelsis secus vias prope *Chupé*, provinciæ *Yungas*, legit hancce eximiam speciem cl. d'Orbigny. Herb. Mus. Par., n.os 183 et 334.

PLAGIOCHILA ORBIGNIANA, Nees et Montag.

Botanique, 2.e partie, pl. I, fig. 3.

P. caule basi repente, ramis adscendentibus dichotomis, foliis imbricatis dimidiato-ovatis, margine posteriori reflexo nudo, anteriori apiceque dentato-ciliato, amphigastriis quadruplo minoribus ciliatis, trifidis, laciniis lateralibus incisis, medio bifido, perianthiis e dichotomia nascentibus ovalibus, dorso ventreque carinatis, ore ciliatis.

P. Orbigniana, N. et M., Cent. Pl. cell. exot., in Ann. des sc. nat., 2.e sér., t. IX, p. 48.

Hab. In sylvis densis, locis udis, ad radices Andium orientales, imprimis loco *Moleto*

Hepaticæ (perperam Motito, *loc. cit.*, p. 49) dicto, ad corticem arborum legit hanc speciem distinctissimam elegantissimamque cl. d'Orbigny, Junio 1831. Herb. Mus. Par., n.° 282.

Caulis repens, filiformis, subnudus. *Rami* adscendentes dichotome divisi, supremi confertiusculi subfastigiati, semipollicares, pollicares majoresque, patenti-erecti. *Folia* imbricata, in parte caulis inferiore parvula, laxioraque, sensim autem majora e basi amplexicauli dimidiato-ovata distiche horizontaliter explanata, patentia, obtusa, obscure viridia, margine posteriori nudo reflexo, anteriori apiceque dentatis, dentibus plus minusve longis, vel interdum ciliatis. Margo folii autem ventralis cauli subtus appressus in statu humido cristam in specie manifeste ciliatam efformat. *Amphigastria* parva, hinc difficillime observanda et cum margine folii confundenda, folio quadruplo minora, ciliata, in tres lacinias divisa, laciniis lateralibus incisis, medio bifido. *Fructus* e dichotomia vel innovationibus supervenientibus lateralis. *Perianthium* ovatum, ventre dorsoque carinatum ore dentato-ciliato. *Foliis involucralibus* conformibus. Cætera desiderantur.

Obs. Notre espèce a quelques rapports avec les *P. javanica*, *cristata*, *bantamensis* et *corrugata*. Quoique assez semblable à la première par le port, et à la seconde par l'espèce de crête ciliée que forme au-dessous de la tige la réunion des bords ventraux des feuilles, on la distinguera néanmoins sur-le-champ de l'une et de l'autre par la présence des amphigastres, dont ces deux hépatiques sont privées. Le *P. bantamensis*, *Hep. Jav.*, a aussi des amphigastres divisés et ciliés; mais, outre que son port est différent et sa taille bien plus grande, ses périanthes sont terminaux et n'occupent pas, comme dans la plante bolivienne, l'angle qui résulte des dichotomies. Enfin, le *P. Orbigniana* diffère du *P. corrugata* de la Flore du Brésil, par son port, par ses feuilles, qui ne sont ni sinuées, ni crispées en leur bord, et par ses amphigastres, qui, bien que petits aussi et cachés par les feuilles, sont divisés en trois et non en cinq lanières ciliées.

Explication des figures.

Pl. 1, fig. 3. *a*, un individu de *Plagiochila Orbigniana*, vu de grandeur naturelle. *b*, portion de la tige principale garnie de ses feuilles et vue en dessus à une amplification de 7 à 8 fois le diamètre. *c*, la même vue en dessous et montrant en *c'* un amphigastre. Les autres sont cachés par l'extrémité postérieure des feuilles. *d*, une feuille grossie douze fois et vue en dessous, pour montrer la manière dont elle se comporte à l'égard de la tige, et le repli de son bord postérieur. *e*, un périanthe vu aussi en dessous et accompagné de ses feuilles périchétiales et de son amphigastre. *f*, un amphigastre caulinaire vu isolé et grossi 25 fois.

PLAGIOCHILA CORRUGATA, N. ab E.

P. caule repente, ramis confertis erectis subsimplicibus, foliis distichis subverticalibus patentibus succubo-imbricatis semi-ovatis, margine inferiori sinuato-crispo ciliato, amphigastriis quinquefidis, laciniis canaliculatis dentato-ciliatis; fructu....

Jungermannia corrugata, N. ab E. *in* Mart. *Fl. Bras.*, I, p. 378; Mont. et Nees, Ann. des sc. nat., 2.e sér., Bot., tom. V, p. 52.

Hab. Ad corticem arborum in sylvis Reipublicæ Argentinæ, prope *Iribucua* (Corrientes), mense Octobris exeunte, in *Leptodonte coronato* Montag. hancce speciem parasitantem legit cl. d'Orbigny.

Observations géographiques.

Les Byssacées, les Lichens et les Champignons de la collection de M. d'Orbigny n'étaient pas assez nombreux pour fournir quelques vues générales sur la distribution de ces plantes dans la partie du continent américain visitée par ce naturaliste. Aussi ai-je omis à dessein toute considération de géographie botanique sur ces familles. Il n'en sera point ainsi pour les Hépatiques. Le nombre des espèces recueillies par notre voyageur donne à penser que cette jolie famille a eu pour lui un attrait particulier. De mon côté, j'ai presque doublé ce nombre, en découvrant, soit sur les Lichens, soit sur les Mousses, soit même sur d'autres Jongermanniées, une foule de petites espèces parasites, dont la loupe ou le microscope pouvaient seuls révéler l'existence.

Les Hépatiques énumérées ou décrites dans les pages qui précèdent s'élèvent à 58, dont 21 sont nouvelles. Sur le nombre total il y a deux Ricciées, toutes deux inédites; 1 Anthocerotée; 10 Marchantiées, toutes nouvelles, à l'exception d'une seule, ce qui est assez remarquable, et 35 Jongermanniées, dont 12 n'avaient point encore été signalées. Parmi les Jongermanniées on trouve 12 Jongermannidées, 4 Trichomanoïdées, 2 Mastigophorées, 1 Ptilidiée, 20 Jubulées et 6 Frondosées.

Passons-les d'abord toutes en revue dans leur rapport avec les provinces diverses et les localités variées qui les ont offertes, puis nous les comparerons avec les autres plantes de cette famille, soit du nouveau, soit de l'ancien monde.

En remontant avec M. d'Orbigny du 30.e degré de latitude Sud vers l'équateur, voici la distribution des espèces dans les différentes régions qu'il a parcourues.

1. Dans la province de Corrientes (république Argentine) : *Anthoceros lævis*; *Plagiochila corrugata*.
2. Au Brésil, près de Rio de Janeiro : *Marchantia papillata*.
3. Au Chili : *Frullania tetraptera*. Les espèces trouvées dans la même contrée par Bertero sont : *Riccia ochrospora*; *Sphærocarpus Berterii*; *Targionia bifurca*; *Fim-*

Hepaticæ

briaria chilensis; Grimaldia chilensis; Sauteria alpina? Preissia cucullata; Plagiochasma chlorocarpum; Symphyogyna circinata; Fossombronia pusilla; Lejeunia Neesii; Frullania quillotensis.

4. Dans la Bolivie :

a. Province de Yungas : *Grimaldia peruviana; Marchantia plicata; Plagiochasma peruvianum; Metzgeria furcata; Symphyogyna sinuata; Aneura pinguis; Fossombronia pusilla; Lejeunia languida, debilis, axillaris, filiformis, bicolor, thymifolia, pulvinata; Frullania atrata, cordistipula, mucronata, hyans; Radula pallens, xalapensis; Herpetium stoloniferum; Calypogeia peruviana; Lophocolea homophylla, Orbigniana; Plagiochila superba, gymnocalycina.*

b. Province de Valle grande : *Lejeunia clandestina, geminiflora* var. *porosa, bicolor, filicina, serpyllifolia; Trichocolea tomentosa; Herpetium vincentianum; Lophocolea connata; Plagiochila abietina.*

c. Province de la Laguna : *Lejeunia trigona.*

d. Province de Moja : *Herpetium scutigerum; Jungermannia capillaris, prostrata.*

e. Pays des Yuracarès : *Metzgeria fucoides; Mastigophora microphylla, trichodes; Plagiochila subintegerrima, undulata* var. *boliviensis, gymnocalycina, Orbigniana.*

De ces 58 espèces, 21 croissent sur la terre nue; 12 sur les rochers ou les pierres dans les lieux humides ou ombragés; 6 sur les écorces des arbres; 13 sont parasites sur les Lichens; 7 sur les Mousses; 3 sur d'autres Jongermanniées; 1 sur les feuilles; 17, enfin, vivent indifféremment sur la terre, les troncs, les Mousses et les Lichens.

Si nous comparons maintenant entre elles et avec celles des autres régions du globe les espèces d'Hépatiques propres aux pays qu'a visités M. d'Orbigny ou qui leur sont communes avec d'autres Flores, nous avons les résultats suivans.

Espèces ou variétés propres

a. Au Brésil : *Marchantia papillata.*

b. Au Chili : *Riccia ochrospora; Sphærocarpus Berterii; Targionia bifurca; Fimbriaria chilensis; Grimaldia chilensis; Preissia cucullata; Plagiochasma chlorocarpum; Symphyogyna circinata; Lejeunia Neesii; Frullania quillotensis, tetraptera.*

c. A la Bolivie : *Grimaldia peruviana; Plagiochasma peruvianum; Lejeunia languida, axillaris, trigona, clandestina; Frullania mucronata; Herpetium scutigerum; Calypogeia peruviana; Plagiochila Orbigniana.*

1. Espèces communes[1] avec le Brésil seulement : *Lejeunia pulvinata; Lophocolea homophylla; Plagiochila gymnocalycina, corrugata.*

2. Avec les Antilles seulement : *Lejeunia debilis; Herpetium vincentianum.*

3. Avec le Mexique seul : *Frullania hians; Radula xalapensis.*

1. Je réunis ici toutes les Hépatiques énumérées dans la *Florula boliviensis*, quelle que soit la province ou la région d'où elles proviennent.

4. Avec Java : *Mastigophora trichoides; Plagiochila subintegerrima, abietina.*
5. Avec la Chine : *Frullania cordistipula.*
6. Avec la Nouvelle-Hollande : *Plagiochila superba.*
7. Avec l'Europe seule : *Sauteria alpina?*
8. Avec l'Europe, les deux continens d'Amérique et le cap de Bonne-Espérance : *Anthoceros lævis; Plagiochila undulata; Lejeunia serpyllifolia* (ce dernier a aussi été trouvé dans les Indes orientales); *Fossombronia pusilla.*
9. Avec l'Europe, les deux Amériques, Java, Bourbon et le Cap : *Metzgeria furcata; Aneura pinguis.*
10. Avec les Antilles et le Brésil : *Symphyogyna sinuata; Lejeunia filiformis; Radula pallens.*
11. Avec les Antilles, le Brésil et Java : *Metzgeria fucoides; Lejeunia filicina, thymifolia; Frullania cordistipula; Trichocolea tomentosa; Herpetium stoloniferum; Jungermannia prostrata.*
12. Avec la Guiane : *Anthoceros lævis; Metzgeria furcata, fucoides; Symphyogyna sinuata; Lejeunia thymifolia, filicina; Radula pallens.*
13. Avec la Nouvelle-Zélande, la Guadeloupe et Java : *Mastigophora microphylla.*
14. Avec les Canaries seulement : *Plagiochila undulata; Lejeunia serpyllifolia.*
15. Enfin, avec la Jamaïque, Java et le Cap : *Jungermannia capillaris.*

Je ne crains pas d'être contredit en avançant que l'Europe seule est généralement assez bien connue sous le rapport de la famille qui nous occupe, et qu'on n'en peut dire autant de la plupart des autres régions du globe. De là résulte la grande difficulté, évidente pour tous, d'établir un rapport numérique quelque peu satisfaisant entre les Hépatiques réunies du Chili et de la Bolivie, et celles de l'Europe et des autres contrées, soit du nouveau, soit de l'ancien monde. Le Brésil, la Guiane, Java, le Cap, les Canaries, les îles Maurice et Mascareigne, ont été à la vérité assez bien explorés; malgré cela, ces pays sont loin d'être aussi bien connus que l'Europe. Je vais pourtant tâcher d'indiquer en quelques lignes et d'après les documens qui sont à ma disposition, les proportions qui se rencontrent entre le nombre des Hépatiques mentionnées ici et celui auquel ces plantes arrivent dans les autres contrées les mieux connues jusqu'ici.

Mais, pour que le parallèle que je vais établir soit le moins éloigné possible de la vérité, il ne sera pas inutile de tenir compte des espèces recueillies au Chili par feu Bertero et qui ne font point partie du présent travail. De ces espèces, les unes étaient connues, les autres ont été successivement publiées par MM. Hooker, Lehmann et Lindenberg, Nees d'Esenbeck et moi. Voici le nom de celles dont j'ai eu connaissance : *Riccia glauca, crystal-*

Hepaticæ *lina*, var., et *squamata*; *Marchantia Berteroana* et *polymorpha*; *Metzgeria pinnatifida*; *Symphyogyna Hochstetteri*; *Lejeunia acuminata*, *subsquarrosa*; *Frullania glomerata*, *obscura*; *Lophocolea coadunata*, *æquifolia*, *amphibolia*; *Jungermannia crassula*, *colorata*, *setacea*? *Plagiochila Berteroana*, *adianthoides* et *dichotoma*, var.

Le Chili et la Bolivie réunis nous fournissent donc 75 Hépatiques, dont 5 Ricciées, 1 Anthocerotée, 12 Marchantiées et 55 Jongermanniées. D'après le dernier recensement de cette famille, fait par M. Nees d'Esenbeck, dans son important ouvrage intitulé : *Europäische Lebermoose*, l'Europe en nourrit 222, dont 21 Ricciées, 3 Anthocerotées, 22 Marchantiées et 176 Jongermanniées. Le Brésil, dans son immense territoire, ne nous en offre encore que 96 espèces ainsi réparties : 6 Ricciées, 3 Anthocerotées, 3 Marchantiées et 84 Jongermanniées. L'île de Java, bien inférieure sous le rapport de l'étendue, nous en fournit 116 espèces, dont 1 Anthocerotée 1 Monocléée, 6 Marchantiées et 108 Jongermanniées. Les îles Canaries, explorées avec soin par mon savant ami M. Webb, m'ont donné 27 Hépatiques, dont 1 Ricciée, 1 Anthocerotée, 6 Marchantiées et 19 Jongermanniées. Enfin, le cap de Bonne-Espérance, avec lequel les îles Canaries offrent quelques points de rapprochement sous le rapport de la végétation cryptogamique, compte environ 60 Hépatiques, ainsi réparties : 2 Ricciées, 4 Marchantiées et 54 Jongermanniées.

MUSCI, Dill., Linn.

Acrocarpi, Brid. *Capsula terminalis.*

SPHAGNUM CYMBIFOLIUM, Ehrh.

S. caule erecto ramoso, ramis abbreviatis tumidis, inferioribus fasciculatis deflexis, foliis ovato-oblongis concavis obtusis appressis integerrimis; capsula subglobosa, evacuata elongata.

Sphagnum palustre, L., *Sp. pl.*, p. 1569; *S. latifolium*, Hedw., *Sp. musc.*, p. 27; *S. cymbifolium*, Ehr., *Hann. Mag.*, 1780, p. 235; *Bryol. Germ.*, p. 6, t. 1, fig. 1; Dill., *Hist. musc.*, p. 240, t. 32, fig. 1.

Hab. In sylvis densis, locis humidis, prope *Chupé* in provincia *Yungas*, cum sequente sterile lectum. Herb. Mus. Par., n.° 185.

SPHAGNUM CAPILLIFOLIUM, Ehrh.

S. caule erecto ramoso, ramis laxis attenuatis, foliis ovato-lanceolatis imbricatis acutiusculis; capsula obovata exserta.

Sphagnum palustre β, Linn., *loc. cit.*; *S. acutifolium*, Schwægr., *Suppl.*, I, P. 1, p. 15, t. 5; *S. capillifolium*, Ehrh., *loc. cit.*

Hab. Cum præcedente.

PHYSCOMITRIUM ORBIGNIANUM, Montag.

Botanique, 2.ᵉ part., pl. III, fig. 2.

P. caule erecto longissimo simplici vel ramoso, foliis e basi amplexicauli elongato-lanceolatis acuminatis spinoso-dentatis carinatis, margine undulatis, siccitate crispato-involutis, nervo ultramedio, capsula turbinato-obconica, operculo plano mamillato.

Gymnostomum Orbignianum, Montag., Cent. Pl. cell. exot. nouv., Ann. des sc. nat., 2.ᵉ sér., Bot., IX, p. 51.

Hab. Ad terram arenosam in collibus sylvosis partis orientalis provinciæ *Corrientes* Americæ meridionalis, secus flumen *Sanctæ-Luciæ*, mense Junii, cum capsulis maturis a cl. d'Orbigny detecta. Cæspitose vivit.

Caulis erectus, uncialis et ultra, ramosus, raro simplex. *Folia* inferiora brevia, oblonga, sparsa, distantia, superiora magis conferta, elongato-lanceolata, e basi amplexicauli carinata, a medio ad apicem usque acuminata, cuspidata, spinoso-dentata, dentibus patulis, margine undulata, siccitate crispata, involuta, in aqua non aut ægerrime sese explicantia, nervo crasso longitudine vario, interdum, præsertim in foliis inferioribus, ad medium vel sub apice evanido, sæpius tamen ad apicem usque continuo, instructa; intima s. perichætialia conformia, longiora; omnia flaccida, viridia, pulchre reticulata, areolis oblongis. *Florescentia* monoica. *Flos masculus* in ramo brevi, laterali, terminalis. *Antheræ* 6-10 clavæformes, sessiles aut vix pedicello brevissimo suffultæ, paraphysibus luteo-brunneis longioribus, ex articulis quatuor compositis, supremo maximo oblongo, stipatæ. *Flos femineus* terminalis. *Pedunculus* solitarius gemellusve, erectus, vaginulæ elongatæ, lineam longæ, basi incrassatæ, hinc inde Archegoniis s. pistillis abortivis onustæ, insertus, tres ad quatuor lineas metiens, contortus, brunneus. *Capsula* forma miro modo variat secundum ætatem; matura ex obovato-turbinata, subapophysata, evacuata obverse conica, inferne attenuata ore amplo truncata, brunnea. *Operculum* planum, centro mamillatum. *Semina* minuta sphærica, asperula, brunnea. *Calyptra* ventricoso-subulata pallide luteola, apice fusca, latere fissa.

Obs. Cette jolie Mousse a quelque similitude avec le *Gymnostomum* (*Physcomitrium*, Nob.) *turbinatum*, Mich., que j'ai vu dans l'herbier de Palisot de Beauvais, appartenant à M. le baron B. Delessert. Elle est, en effet, rameuse; ses fleurs mâles sont en tête à

Musci. l'extrémité de rameaux assez allongés, et sa capsule est turbinée. Mais notre Mousse me semble essentiellement distincte par sa taille élancée, par ses feuilles ondulées, carénées, crispées et infléchies dans l'état de dessiccation; tandis qu'elles *sont dressées* dans la Mousse de la Caroline, et surtout par les dents très-saillantes dont elles sont munies et qui sont comparables ou analogues à celles du *Mnium spinosum*; dents à peine formées par la saillie des cellules dans l'espèce de Richard. Il y a dans le port de ces deux Mousses quelque chose de dissemblable qui ne permet pas qu'on les confonde, quand on les a vues une seule fois l'une à côté de l'autre. Un autre caractère distinctif suffisamment tranché se tire encore de l'opercule, qui est plat et manifestement mamelonné dans le *Physcomitrium Orbignianum*, et convexe obscurément *umboné* dans le *P. turbinatum*. Notre Mousse a en outre une tige très-longue et rameuse, laquelle, dans l'espèce à laquelle je la compare, est courte et porte tout au plus un rameau à fleur mâle. Richard et Bridel rapprochent cette dernière du *P. pyriforme*; le *P. Orbignianum* n'est point susceptible d'un tel rapprochement. Elle n'a d'ailleurs de commun avec le *Gymnostomum Jamesoni*, Grev., que la forme turbinée de sa capsule et la *crispabilité* de ses feuilles; mais les dents de celles-ci, de même que son opercule plat, l'en éloignent infiniment. Je ne saurais croire que M. d'Orbigny ait recueilli cette Mousse sur des arbres, ainsi que j'*en lis* l'indication dans son journal. Outre qu'on n'a encore trouvé sur les écorces aucune espèce de ce genre, la petite quantité de terre noire arénacée dont les racines étaient encore chargées, me prouve suffisamment qu'il y a eu ici quelque erreur d'étiquette. Cette Mousse vivait pêle-mêle avec un *Fissidens* nouveau, que je décrirai plus loin.

Explication des figures.

Pl. 3, fig. 2. *a*, un individu de *Physcomitrium Orbignianum* chargé de deux capsules terminales évacuées, et vu de grandeur naturelle. *b*, un autre individu, portant une seule capsule, vu un peu plus grand que nature. *c*, une capsule munie de son opercule un peu soulevé. *d*, une feuille tenant à un tronçon de tige et mouillée; comme la capsule, elle est grossie environ 14 fois. *e* et *f*, coupes transversales d'une feuille, à un moins fort grossissement que la figure précédente.

MACROMITRIUM FILIFORME, Schwægr.

M. caule decumbente filiformi ramosissimo, ramis laxis erectis, foliis ovato-acuminatis evanidinerviis rectis, siccitate striatis, capsula cylindracea lævi, pedunculo striato, operculo brevi e conica basi recte rostrato, calyptra pilosa.

Lasia orthotrichoides, Raddi, *Critt. Bras.*, p. 6; *Chætophora orthotrichoides*, Brid., *Bryol. univ.*, II, p. 339; *Orthotrichum filiforme*, Hook. et Grev., in *Edimb. Journ. of science*, 1824, I, p. 116, t. IV; *Leiotheca filiformis*, Brid., *op. c.* I, p. 727 et 795; *Macromitrium filiforme*, Schwægr., *Suppl.*, I, P. 1, p. 64, t. 171.

Hab. Ad cortices arborum in sylvis prope *Iribucua* Reipublicæ Argentinæ (prov. Corrientes) mense Octobris cum *Leptodonte coronato* commixtum legit cl. d'Orbigny. Herb. Mus. Par., n.° 80.

ORTHOTRICHUM PSYCHROPHILUM, Montag.

O. caule erecto ramosiusculo, foliis lanceolato-subulatis, patenti-reflexis, margine incrassato subrevolutis carinatis striatisque, nervo crasso continuo, capsulæ subemersæ oblongæ obscure sulcatæ operculo convexo mucronato, peristomii interioris ciliis octo nodosis. Cent. Pl. cell. exot. nouv., *loc. cit.*, p. 52.

Hab. Ad rupes prope glacies æternas in jugis Andium Americæ æquinoctialis, inprimis circa *las Lagunas de Potosi*, 2500 hexapodum altitudine, cæspitose vivit. Cl. d'Orbigny detexit. Herb. Mus. Par., n.° 440.

Caulis basi simplex, apice ramosus, ramis brevibus, dense foliosis. *Folia* lanceolato-subulata, carinata, margine integerrimo revoluta, striis notata, nervo continuo percursa, acutissima, madore patenti-reflexa, siccitate varie flexa vel suberecta, inferne nigricantia, superne badia. *Retis* areolæ basi elongato-quadratæ, demum minutissimæ, ut lineolæ vel puncta seriata dispositæ. *Perichætialia* caulinis conformia. *Vaginula* elongata, fusca, apice attenuata, archegoniis pluribus onusta. *Membranula* vaginalis paraphysesque nullæ. *Pedunculus* longitudine foliorum, pallidus, cum capsula duplo breviore confluens. *Capsula erecta*, elongata, junior aut evacuata cylindrica, medio non constricta, obscure sulcata, primo viridis, ore purpureo, demum rufa. *Peristomii exterioris* dentes sedecim, albi, per paria tam intime conjuncti ut octo tantum mentiuntur; qui acuminati et obtusiusculi, sulcis profundis a basi ad apicem arati sunt et lacunis pluribus pertusi. *Interioris* cilia octo concoloria, e 4 ad 5 articulis nodosis deformibus composita. *Operculum* convexum, apiculatum breve. *Calyptra* campanulata, sulcata, fusca, pilis crispis dentatis hirta, basi integra. *Semina* subgloboso-polyedra, minima, lævia.

Obs. Cette espèce est voisine de l'*Orthotrichum affine*. Elle en diffère par son habitat sur les rochers, par la forme de ses feuilles, de ses deux péristomes, de sa capsule après la dispersion des graines, par la longueur de son pédoncule, par l'absence de toute membrane vaginale et des paraphyses dans les fleurs mâles, enfin par sa station au niveau des neiges éternelles.

DIDYMODON CAPILLACEUS, Web. et Mohr.

D. caule erecto subsimplici dense vel laxe cæspitoso, foliis distichis semivaginantibus setaceo-subulatis, capsula erecta subcylindracea, operculo oblique conico.

Swartzia capillacea, Hedw., *Musc. frond.*, II, p. 72, t. 26; *Trichostomum capillaceum*, Smith, *Fl. Brit.*, III, p. 1236; *Engl. Bot.*, t. 1152; *Cynodontium capillaceum*, Schwægr., *Suppl.*, I, P. 1, p. 114; *Didymodon capillaceus*, Web. et Mohr, *Bot. Tasch.*, p. 155; Brid., *Bryol. univ.*, I, p. 504; Hook. et Tayl., *Musc. Brit.*, *ed.* 2, t. 20.

Hab. Cum præcedente.

Obs. Nos échantillons ne diffèrent des types européens que par les feuilles supérieures

Musci. un peu plus lâches, un peu plus espacées sur la tige. Du reste, ils leur ressemblent au point que, même dans l'état de stérilité où ils sont, je n'ai pas un instant hésité à les regarder comme identiques.

DICRANUM MEGALOPHYLLUM, Raddi.

D. caule ascendente ramoso, ramis crassis, foliis subhomomallis longissimis e basi lata lanceolato-subulatis, margine et dorso asperiusculis, capsula....

Sphagnum javense, Brid., *Musc. recent.*, II, P. 1, p. 27, t. 5, fig. 3; Schwægr., *Suppl.*, II, P. 1, p. 4, t. 102; *Sphagnum macrophyllum*, Brid., *Bryol. univ.*, I, p. 753; *Dicranum megalophyllum*, Raddi, *Crittog. Bras.*, p. 3.

Hab. Ad margines viarum in sylvis densis humidis prope *Chupé*, ubi cæspites latos efformabat, sterile lectum. Herb. Mus. Par., n.° 190.

DICRANUM LONGISETUM, Hook.

D. caulibus cæspitosis simpliciusculis, foliis falcato-secundis e basi lata ovata amplexicauli longissime subulatis, apice serrulatis, nervo continuo instructis, capsula longiseta erecta oblonga striata; operculo....

Dicranum longisetum, Hook., *Musc. exot.*, II, p. 11, t. 139; Brid., *Bryol. univ.*, I, p. 428.

Hab. Ad radices arborum in Bolivia (pays des Yuracarès) locis humidis sylvarum, secus rivulum *Icho* dictum, huncce muscum capsuligerum, sed deoperculatum legit cl. d'Orbigny. Herb. Mus. Par., n.° 320.

CAMPYLOPUS LAMELLATUS, Montag.

C. caule erecto diviso, foliis lineari-subulatis canaliculatis strictis piliferis, nervo subtus lamellato continuo, capsula.... Cent. Pl. cell. exot. nouv., *loc. cit.*, p. 52.

Hab. Cum præcedente lectus.

Caulis bi- tripollicaris, erectus, inferne radicellis densis rubro-tomentosus, intra rosulæ terminalis folia 2-3 innovationes educans. *Folia* imbricata, erecta, stricta, rosulæ ovato-oblonga, caulis et innovationum subulata, canaliculata, apice cano dentata, margine membranacea, nervo lato, dorso, non autem facie, ut in Polytrichis variis, lamellato. *Retis* areolæ tenuissimæ punctiformes. *Flores feminei* intra rosulam copiosi. *Folia perigonalia* 4-5, caulinis conformia pellucida, quinque ad octo pistilla absque paraphysibus fovent. *Flos masculus* non inventus.

Obs. Je n'ai pas dû passer sous silence la singulière structure des feuilles du genre *Campylopus*, auquel il faut réunir le genre *Thysanomitrium*. Dans toutes les espèces que j'ai analysées et soumises au microscope, j'ai vu que le milieu de la feuille est autrement organisé que les bords. Ceux-ci, ordinairement enroulés, sont membraneux, pellucides et formés de cellules très-petites, arrondies ou quadrilatères. La partie moyenne, selon Bridel, simule une nervure. Voici comment elle est organisée. Si l'on soumet au microscope une coupe mince transversale de la feuille de l'espèce que je viens de décrire, on voit, à un grossissement de 100 à 150 diamètres, que vers la partie concave de la feuille, la nervure, ou l'épaississement que je nomme ainsi, est composée de tubes allongés d'un calibre assez gros, qui paraissent béans et à travers la longueur desquels on aperçoit le jour. Derrière ces tubes ou cellules allongées se remarquent deux rangées de faisceaux fibreux, placées l'une en arrière de l'autre, dans une sorte de parenchyme celluleux opaque. Enfin, de celui-ci naissent trente à quarante lamelles formant comme des rayons divergeant du centre de la nervure. Ces lamelles parcourent toute la longueur du dos de la nervure. Quelques-unes, soudées ensemble dans leur moitié interne, sont libres dans le reste de leur étendue.

Dans les autres espèces du genre, l'on ne retrouve pas de véritables lamelles, mais de simples cannelures. Ainsi notre Mousse bolivienne offrirait l'exagération du type.

La même structure s'observe dans les Polytrics, dans le *P. appressum* Schwægr. surtout, dont nous parlerons plus bas. Mais les lamelles, au lieu d'occuper le dos de la nervure, sont aussi parallèlement disposées en dedans et sous les bords ordinairement repliés de la feuille. On peut encore voir une semblable conformation dans le *Jungermannia lamellata* de M. Hooker.

TORTULA (Barbula) REVOLUTA, Schrad.

T. caule erecto diviso, foliis erectis oblongo-lanceolatis, margine revolutis, breviter apiculatis, nervo fusco continuo, siccitate tortilibus, perichætialibus subvaginantibus ovato-lanceolatis, capsula oblonga incurviuscula, operculo subulato longo.

Barbula revoluta, Schwægr., *Suppl.*, I, P. 1, p. 127, t. 32; Schultz, *Recens. de Barbula*, p. 23, t. 33, fig. 23; Brid., *Bryol. univ.*, I, p. 571; *Tortula revoluta*, Schrad., *Journ. Bot.* (1800), p. 299; Hook. et Tayl., *Musc. Brit.*, t. 12.

Hab. Circa *Chuquisaca*, ad terram in collibus, 1400 hexapodum altitudine, cum *Bartramia ithyphylla* commixta, Februario exeunte, capsuligera sed parcissime lecta.

TORTULA (Barbula) LEUCOCALYX, Montag.

T. caule erecto simplici innovante, foliis inferioribus squamiformibus, supremis rosaceo-congestis, ovato-lanceolatis, margine revolutis, nervo crasso continuo apiculatis, perichætialibus vaginantibus oblongis obtusissimis albis! interno longissimo seminervi, capsula cylindracea subincurva, operculo subulato brevi. Cent. Pl. cell. exot. nouv., *loc. cit.*, p. 53.

Hab. Ad terram in regno Chilensi a Bertero lecta.

TORTULA (Syntrichia) MUCRONIFOLIA, Schwægr.

Var. β, *arctica, caule ramoso, ramis fastigiatis, capsula erecto-curvata, peristomio fere ad apicem tubiformi albido.*

Musci. *Syntrichia mucronifolia*, R. Br. in *Parry's* 1.st *Voy.*, *App.*, t. 298; *Tortula mucronifolia*, Hook. in *Parry's* 2.d *Voy. App.*; *T. mucronifolia β arctica*, Hook. et Grev., *On the genus Tortula in Edimb. Journ. of sc.*, 1824, p. 294; *Syntrichia hyperborea*, Brid., *Bryol. univ.*, I, p. 583 et 836.

Hab. Cum præcedente, sed capsulis immaturis, lecta.

† TORTULA (Syntrichia) ANDICOLA, Montag.

T. caule elongato a basi ramoso, foliis e basi pellucida amplexicauli laxe imbricatis, oblongis, obtusis, subacuminatisve, carinatis, margine revolutis, nervo crasso rubro ad apicem breviter piligerum percursis; capsula.... Cent. Pl. cell. exot. nouv., *loc. cit.*

Hab. Inter rupes ad terram in declivibus orientalibus Andium *de la Paz* (Bolivie) 2200 hexapodum altitudine, prope nives æternas, longe supra oppidum *Tajesi*, mense Julii 1830, hancce speciem legit cl. d'Orbigny.

Caulis erectus, bi- tripollicaris, ferrugineus, a basi ad medium parce ramosus. *Rami* laxi, longissimi, fastigiati. *Folia* magna, laxe imbricata, e basi parallelogramma pellucida amplexicauli, oblonga obtusa subacuminatave, carinata, margine revoluta, nervo crasso rubro percursa, inferiora tantum mucronata, superiora pilo brevissimo albo dentato terminata, omnia ferruginea, sive decoloria, apice crispato viridi excepto. Basis folii amplexicaulis *Retis areolæ* quadrato-elongatæ, reliquæ tenuissimæ quadratæ obscuræ. *Capsula....*

Obs. Voici une espèce sans fructification qu'au premier aspect on ne prendrait jamais pour une Tortule de la section des *Syntrichia*, tant son port semble l'en éloigner. Mais, si on l'examine de plus près, la forme et la structure des feuilles convaincront promptement qu'elle ne peut appartenir à un autre genre. Ce n'est pas qu'à la faveur d'une foule d'intermédiaires on ne puisse même être amené à ne la considérer que comme une forme du *Tortula ruralis* de nos contrées. L'une de ces formes intermédiaires, je la trouve dans une très-belle Mousse, la *Tortula princeps*, recueillie en Sardaigne par mon savant ami M. de Notaris. Les feuilles de ces deux Mousses sont en effet si semblables dans leur forme et leur couleur, que je n'eusse pas balancé à y rapporter la mienne, si son port bien différent ne m'eût fait craindre de confondre deux choses distinctes. Dans la Mousse de Sardaigne les feuilles sont imbriquées, très-serrées, les rameaux nombreux, réunis et pressés autour de la tige, de manière à former des touffes compactes; dans celle du Pérou, au contraire, les tiges, très-élancées, paraissent simples, parce que les rameaux qu'elles émettent partent en petit nombre de sa moitié inférieure seulement; les feuilles, quoique imbriquées, sont plus espacées pourtant et plus ouvertes; toute la plante, en un mot, a un facies propre, qui peut bien tenir aux circonstances locales dans lesquelles elle s'est développée, mais dont on ne saurait s'appuyer pour décider pour ou contre un rapprochement entre ces deux Mousses. La fructification, qui pourrait seule faire cesser nos doutes, manque dans tous nos échantillons.

POHLIA GILLIESII, Montag.

P. cæspitosa, caule brevi, apice et infra apicem innovante, foliis ovatis concavis obtusissimis integerrimisque grosse reticulatis, nervo continuo, capsulæ nutantis una cum apophysi subæquali pyriformis operculo brevi conico.

Bryum Gilliesii, Hook, *Bot. Misc.*, I, p. 3, t. 2; *Pohlia Gilliesii*, Montag., *Sert. patag.*, p. 18.

Hab. In jugis Andium orientalium, circa *las Lagunas de Potosi*, inter rupium fissuras 2500 hexapodum altitudine, prope nives æternas ubi cæspitibus magnis compactibusque legit, mense Aprilis, cl. d'Orbigny. Herb. Mus. Par., n.° 437.

BRYUM ARGENTEUM, Linn.

B. caule erecto, ramis teretibus obtusis argenteo-nitentibus, foliis dense imbricatis ovatis concavis apiculatis, nervo tenuissimo evanido, capsula pendula oblonga, operculo obtuse conico. Brid.

Var. *chlorocarpum*, Montag., *foliis lutescentibus apice diaphanis, capsula maturitate viridi-luteola, ore purpureo, peristomii exterioris dentibus albis.*

Hab. Ad terram in collibus prope Chuquisaca provincia *La Laguna*, hancce varietatem cæspites latissimos efformantem legit cl. d'Orbigny. Herb. Mus. Par., n.° 433.

Obs. Au temps des pluies, c'est-à-dire de Novembre à Mars, cette variété forme des gazons d'un jaune verdâtre, qui couvrent toutes les plaines à de grandes distances.

BRYUM INTRICATUM? Brid.

B. caule elongato erecto debili subsimplici, foliis laxis ovatis obtusis concavis semiamplexicaulibus, nervo crasso subcontinuo in caulem decurrente. Brid., *Bryol. univ.*, I, p. 680.

Hab. In summis jugis Andium orientalium provinciæ Potosi, prope glaciem æternam, ad terram locis humidis, cum culmis gramineis mixtam et sterilem mense Aprilis legit cl. d'Orbigny. Herb. Mus. Par., n.° 446.

Obs. C'est avec doute que je rapporte cette Mousse à l'espèce de Bridel, bien que la majeure partie des caractères du signalement de celle-ci semblent parfaitement lui convenir. Toutefois nos échantillons répondent mieux à la diagnose suivante:

B. caule elongato, erecto, debili, subsimplici purpureo, foliis laxissimis ovato-subrotundis obtusis concavis semiamplexicaulibus subdiaphanis nervo mediocri evanido in caulem decurrente.

Notre Mousse ayant d'ailleurs été cueillie au-dessus des lagunes de Potosi, à une hauteur de 4900 mètres au-dessus du niveau de la mer, c'est un rapport de plus qu'elle a avec la plante de Voigt, qui a trouvé la sienne dans les îles Melville; car, d'après les belles observations faites par M. de Humboldt sur les lignes isothermes, ces deux

Musci. Mousses, quoique vivant à des latitudes différentes, peuvent être considérées comme occupant des régions semblables.

MNIUM AUBERTI, Schwægr.

M. dioicum, caule innovante mediocri, foliis oblongis acutis profunde serratis marginatis patentibus, nervo tenui ad apicem percursis cuspidatisve, capsula subpendula oblongo-cylindracea, operculo convexo mucronulato.

Mnium Auberti, Schwægr., *Suppl.*, I, P. 2, p. 132, t. 80 (*sterile*); Montag., *Crypt. Bras.*, in Ann. des sc. nat., 2.e sér., Bot., t. 12, p. 53; *Bryum Auberti*, Schwæg., *Suppl.*, II, P. 2, p. 156, t. 196, et *Sp. Musc.*, I, p. 53; *Bryum* (*Polla*) *Auberti*, Brid., *Bryol. univ.*, I, p. 711.

Hab. Ad terram in sylvis prope urbem Corrientes (*république Argentine*), sed sterile lectum. Specimina pulcherrima hujusce musci capsulisque copiosis onusta e Brasilia a celeberr. A. de Saint-Hilaire et Gaudichaud relata communicataque habui.

MNIUM ROSEUM, Hedw.

M. caule erecto subsimplici, foliis terminalibus stellatis obovato-lanceolatis acuminatis marginatis minute serrulatis, pedunculis subaggregatis, capsula pendula ovata subæquali, operculo convexo acuminato.

Mnium serpyllifolium γ *proliferum*, Linn., *Sp. pl.*, p. 1578; *Mnium roseum*, Hedw., *Sp. Musc.*, p. 194; Schwægr., *Suppl.*, I, P. 2, p. 185; *Bryum roseum*, Schreb., *Spic. Fl. Lips.*, p. 84; Hook. et Tayl., *Musc. Brit.*, p. 120, t. 29; *Engl. Bot.*, t. 2395; Vaill., *Bot. Paris.*, t. 26, fig. 18; *Bryum* (*Polla*) *rosea*, Brid., *Bryol. univ.*, I, p. 696.

Hab. In sylvis ad terram circa Iribucua reipublicæ Argentinæ (Corrientes), secus ripas fluminis Parana.

Obs. M. d'Orbigny n'a rapporté que les pieds mâles de cette Mousse. Comme ceux d'Europe, ils sont une ou deux fois prolifères du milieu de la rosette formée par les feuilles supérieures. Ils n'offrent du reste aucune différence remarquable.

MNIUM GIGANTEUM, Schwægr.

M. caule primario repente diviso ramisque basi aphyllis erectis, foliis stellatis obovato-acuminatis cuspidatis argute serratis, pedunculis subaggregatis, capsula tereti curvata horizontali, operculo conico acuto.

Mnium giganteum! Schwægr., *Suppl.*, II, P. 1, p. 20, t. 158; nec in Gaudich. *Voy. Uran.*, *quod Hypnum Freycinetii ejusd.*; *Bryum truncorum*, Brid., *Bryol. univ.*, I, 699, *fide Schwægr.*; *Bryum giganteum!* Hook., *mss.*

Hab. Ad terram in sylvis inter Chupé et Yanacaché, locis humidis, legit cl. d'Orbigny. Herb. Mus. Par., n.° 206.

Obs. Bridel réunit au *B. roseum* comme simple variété la plante de Schwægrichen, tandis que ce dernier bryologiste donne comme synonyme de la sienne le *B. truncorum* de l'auteur de la *Bryologia universa*. Bridel appuie son opinion sur ce que des individus du *B. roseum*, recueillis en Dauphiné, lui présentaient, dans toutes leurs parties, l'ampleur qu'on observe dans la Mousse de l'Inde. Des échantillons de celle-ci, que je dois à la générosité du célèbre professeur de Glascow, me mettent à même de dire mon sentiment sur le rapprochement opéré par Bridel. Comparés au *Bryum roseum* d'Europe, je trouve qu'ils diffèrent en effet notablement par la forme allongée et cylindracée des capsules et la très-grande longueur des pédoncules. Manquant d'échantillons authentiques du *B. truncorum*, je ne puis dire si c'est à tort ou à raison que cette espèce est donnée ici comme synonyme du *Mnium giganteum*.

BARTRAMIA PATENS, Brid.

B. caule brevi erecto subramoso, ramis planiusculis, foliis laxis e basi diaphana vaginante lineari-subulatis canaliculatis serrulatis, capsula erecta reticulata, operculo planiusculo centro prominulo.

Bartramia squarrosa, Turn., *Ann. Bot.*, I, p. 583, t. 2, fig. 2; *B. reticulata*, Pal. Beauv., *Prodr.*, p. 41; *B. patens*, Brid., *Musc. recent.*, II, P. 3, p. 134, t. 1, fig. 7; Schwægr., *Suppl.*, I, P. 2, p. 55, t. 62.

Hab. In sylvis opacis, ad margines viarum, prope Chupé in consortio *Lophocoleæ Orbignianæ* legit, August. 1830; cl. d'Orbigny. Herb. Mus. Par., n.° 183.

BARTRAMIA ITHYPHYLLA, Brid.

B. caule erecto vage ramoso, foliis confertis e basi parallelogramma diaphana vaginante longe capillaceis strictis serrulatis, capsula erecta subsphærica, operculo planiusculo mamillato.

Bartramia ithyphylla, Brid., *Musc. recent.*, II, P. 3, p. 132, t. 1, fig. 6; *Bryol. univ.*, II, p. 43; Schwægr., *Suppl.*, I, P. 2, p. 31, t. 60; Hook. et Tayl., *Musc. Brit.*, t. 23; DC., Fl. fr., I, p. 610; Duby, *Bot. Gall.*, p. 548.

Hab. Cum *Tortula revoluta* lecta. Herb. Mus. Par., n.° 429.

Obs. Cette Mousse n'est point fructifiée; néanmoins elle est de tout point si semblable à la Mousse d'Europe, à laquelle je la rapporte, qu'il n'est guère possible qu'elle soit spécifiquement différente.

† BARTRAMIA POTOSICA, Montag.

B. caule cæspitoso simplici, foliis e basi quadrata diaphana subulatis, patentibus nervosis, margine tenuissime serrulatis, supremis comantibus, capsula.... Cent. Pl. cell. exot. nouv., *loc. cit.*, p. 56.

Musci. *Hab.* In jugis Andium orientalium, circa *las Lagunas de Potosi*, inter rupium fissuras 2500 hexapodum altitudine prope nives æternas legit cl. d'Orbigny. Herb. Mus. Par., n.° 438.

Caulis cæspitosus, simplex, sex ad octo lineas altus, clavatus. *Folia* e basi exquisite quadrata diaphana lineari-areolata, vaginante, lineari-subulata, tenuissime serrulata, nervo brunneo continuo percursa, rigida, humore patentia, siccitate recta, cauli appressa, suprema comam satis amplam læte viridem efformantia. *Color* viridis, inferne rufescens. *Capsula*....

Obs. Cette plante a le port des *Bartramia stricta* et *ithyphylla*, dont elle diffère surtout par sa tige toujours simple et par la forme exactement quadrilatère de la portion vaginante de ses feuilles. Quoiqu'elle soit privée de fructification, tous ses caractères naturels la font rentrer dans le genre en question, où elle doit prendre place à côté des deux espèces auxquelles nous venons de la comparer.

POLYTRICHUM APPRESSUM, Schwægr.

P. caule simplici elato, foliis e basi latiore amplexicauli ciliato-pilosa linearibus, margine membranaceo introrsum plicato integerrimis, siccitate cauli appressis, madore patentissime recurvis, subulatis, carina lævi, capsula....

Polytrichum appressum, Schwægr., *Suppl.*, I, P. 2, p. 311, et *Suppl.*, II, P. 2, t. 152 (non Brid.), et *Spec. Musc.*, p. 3; *P. Antillarum*, Brid., *Bryol. univ.*, II, p. 747, *fide Schwægrichenii.*

Hab. Ad rupes in sylvis montosis inter Chupé et Yanacaché, locis humidis, Aprili sterile lectum. Herb. Mus. Par., n.° 205.

Obs. Je retrouve dans mes échantillons tous les caractères mentionnés par Schwægrichen, moins la scabréité du dos de la nervure. Je remarque, en outre, que l'intérieur de celle-ci est lamellifère; circonstance dont ne parle ni cet auteur, ni Bridel. Ce caractère la rapprocherait du *P. hyperboreum*, que je ne connais pas, mais ma Mousse n'a point ses feuilles pilifères au sommet. Au reste, comme elle est stérile, une détermination plus précise est difficile, pour ne pas dire impossible. Les feuilles sont ciliées dans leur portion amplexicaule, ainsi que le dit Schwægrichen du *P. Antillarum*.

POLYTRICHUM STRICTUM, Menz.

P. caule simplici ramosoque gracili, foliis strictis e basi parallelogramma lineari-lanceolatis integerrimis margine membranaceo introrsum plicato, capsula cuboide, operculo convexo-plano apiculato.

Polytrichum strictum, Menz., *Trans. of Linn. Soc.*, IV, p. 77, t. 7, fig. 1; Brid., *Bryol. univ.*, II, p. 139; Schwægr., *Sp. Musc.*, 1, p. 3.

Hab. In sylvis densis, locis humidis, prope Chupé in provincia Yungas, lectum. Herb. Mus. Par., n.° 182.

Obs. Mes échantillons ne cadrent guère avec la description que donne M. Schwægrichen du *P. strictum*. Il dit, en effet, que la capsule est exactement cubique et il distingue surtout par ce caractère l'espèce en question du *P. juniperinum*. D'un autre côté, cet auteur réunit à la plante de Menzies le *P. alpestre* de Hope, tandis que Bridel affirme que celui-ci en est positivement distinct par ses feuilles périchétiales membraneuses. Dans ce conflit d'opinions, il serait peut-être possible de mettre tout le monde d'accord, si l'on pouvait amener les bryologistes à convenir que le *P. juniperinum* étant une de ces espèces cosmopolites que l'influence du sol et les circonstances atmosphériques sont susceptibles de faire varier à l'infini, il en résulte que l'on a peut-être distingué des formes liées entre elles par tant d'intermédiaires, que la confusion la plus déplorable a dû en être la conséquence nécessaire. Ce qu'il y a de sûr, c'est que je possède dans ma collection des échantillons de *P. juniperinum* dont la capsule est exactement cubique et non parallélipipède, comme le dit M. Schwægrichen. Mais bien plus, dans les exemplaires mêmes rapportés du Pérou par M. d'Orbigny, on trouve dans la même touffe des capsules des deux formes. Enfin, le caractère donné par Bridel comme distinctif du *P. alpestre*, c'est-à-dire des feuilles périchétiales membraneuses sur les bords, ce caractère se retrouve dans mes échantillons, qui n'offrent pas les autres signes spécifiques par lesquels il sépare la Mousse en question de ses congénères.

Pour nous résumer, Mohr et M. Hooker ne distinguant pas cette dernière Mousse du *P. juniperinum*, M. Schwægrichen, de son côté, réunissant les *P. strictum* et *alpestre*, nous demanderons s'il y aurait quelque inconvénient à ne considérer ces trois Mousses que comme des formes d'un même type qu'il serait facile de caractériser en ces termes : *Caule subsimplici basi repente, foliis confertis erectis e basi latiore amplexicauli lineari-subulatis, integerrimis, apice carinaque scabriusculis, margine membranaceo introrsum plicato, capsulæ tetraedræ apophysatæ, operculo mucronato.*

Var. *Strictum : caule elongato gracili, foliis strictis, capsula angusta, apophysi plana.*

Var. *Alpestre : caule abbreviato, foliis erectiusculis, capsula cuboide, apophysi subrotunda.*

POLYTRICHUM JUNIPERINUM, Hedw.

P. caule subsimplici basi repente, foliis e basi membranacea amplexicauli lineari-lanceolatis integerrimis, margine membranaceo introrsum plicato, capsula tetraedra, operculo planiusculo mucronato.

Polytrichum juniperinum, Hedw., *Sp. Musc.*, p. 89, t. 13; Brid., *Bryol. univ.*, II, p. 136; Schwægr., *Sp. Musc.*, I, p. 2.

Hab. Inter saxa in collibus prope Chuquisaca legit cl. d'Orbigny. Herb. Mus. Par., n.° 428.

FISSIDENS CRISPUS, Montag.

F. caule simplici divisoque erecto filiformi longiusculo; foliis subvigintijugis remotis alternis oblongo-lanceolatis acuminatis secundis, siccis madidisque crispatissimis,

Musci.

pedunculo terminali, capsula horizontali ovato-oblonga inæquali, operculo conico subacuminato. Cent. Pl. cell. exot. nouv., *loc. cit.*, p. 57.

Hab. In iisdem locis cum *Gymnostomo Orbigniano*, quocum paucissima specimina mixta legit cl. d'Orbigny.

Caulis erectus, pollicaris et ultra, filiformis, flexuosus, basi tantum radiculosus, simplex vel innovatione divisus, divisionibus subæqualibus. *Folia* minuta, alterna, disticha, remota, a quindecim ad vigintijuga, oblongo-lanceolata, acuminata, siccitate madoreque crispatissima, ad unum latus versa, suprema longiora, crispato-incurva, omnia integerrima, nervo perspicuo albo ad apicem usque percursa, margine incrassato hyalina, ultra medium duplicato-fissa, semivaginantia, e viridi-lutescentia. *Perichætialia* intima subscalpelliformia, undulata, magis acuta, fissura nulla instructa. *Retis areolæ* tenuissimæ, subcirculari-quadratæ, vix conspicuæ. *Pedunculus* e vaginula conico-truncata terminalis, flexuoso-erectus, quatuor lineas longus, tortilis purpureus. *Capsula* ovato-oblonga, inæqualis s. arcu altero valentiore, olivacea tandem brunnea, ore purpureo, ad horizontem vergens. *Peristomii dentes* ad medium fissi, cruribus longissimis divergentibus, rutilantes. *Annulus* nullus. *Operculum* conicum, siccitate acuminatum, rectum, rutilans. *Calyptra* generis. *Flos masculus*....

Obs. De toutes les espèces assez et peut-être même beaucoup trop nombreuses de ce genre naturel, je n'en connais qu'une avec laquelle celle-ci ait quelque convenance: c'est le *Fissidens gracilis*. Cette Mousse a en effet de commun avec la mienne : 1.° une tige simple ou rameuse, filiforme; 2.° des feuilles alternes, petites, espacées sur la tige; 3.° un périchèse composé de deux feuilles simples, c'est-à-dire dépourvues de duplicature vaginante; 4.° une capsule penchée ou horizontale, olivacée; 5.° enfin, un opercule convexe conique : caractères qui tous se retrouvent dans le *Fissidens crispus*. Mais celui-ci en offre d'autres qui me semblent de nature à le distinguer spécifiquement. Ainsi, sa tige, deux fois plus longue, n'est point ascendante, mais droite, d'où il résulte que le pédoncule ne forme point de coude avec elle à sa naissance; ses feuilles, au lieu d'être ovales, sont oblongues, lancéolées, toujours très-crépues, caractère étranger au *F. gracilis*, et tournées du même côté, soit humides, soit sèches; ses feuilles supérieures ou périchétiales sont recourbées en dedans comme une crosse d'évêque; la gaîne n'est pas oblongue, mais conique et tronquée au sommet; la capsule n'est pas arquée, mais oblongue, ayant son orifice dirigé vers l'horizon; enfin, l'opercule humecté est exactement conique et droit, et ne devient sensiblement acuminé que dans l'état de sécheresse. Voilà les raisons sur lesquelles je me fonde pour proposer cette nouvelle espèce, qui pourtant, il faut bien en convenir, est très-voisine du *Fissidens gracilis*.

CONOMITRIUM, Montag., Nov. Gen.

Octodiceras, Brid.; *Skitophyllum*, de la Pyl.; *Fissidens*, Hedw., Schwægr., Brid., *Musc. rec.*; *Cecalyphum*, Pal. Beauv.; *Dicranum*, W. et M., Walker-Arnott; *Hypnum*, Gmel.; *Fontinalis*, Dill., Savi, DC., Pollini, Duby; *Harisona*, Adans.

Nomen e græcis vocabulis κῶνος et μίτριον coalitum, formam calyptræ conicam denotans.

CAR. ESSENT. *Peristomium* simplex. *Dentes* sedecim bifidi, cruribus subinæqualibus. *Calyptra* conica basi integra subrepanda. *Capsula* æqualis. *Semina* majuscula glabra e luteo fusca.

CAR. SEX. *Flos* monoicus. *Masculus* gemmiformis brevissime pedunculatus fœmineusque vel in duplicatura foliorum nidulantes vel apicem propriorum ramulorum terminantes. *Antheridia* 3-5 paraphysibus paucis vel nullis cincta. *Archegonia* 1-4, unico fecundo, paucissimis aut nullis paraphysibus stipata.

CAR. NATUR. Plantæ teneræ, fluitantes, filiformes, ramosæ. Habitus subfissidentoideus, pinnatus, elegans. Folia laxe disticha, duplicato-fissa, nervata integerrima, tenerrime reticulata. Perichætialia 3-4 ovata concava minima. Capsula erecta ovata aut obconica breviter pedunculata. Patria in aquis vivis utriusque orbis aut in alveis torrentium Americæ meridionalis. Vita cæspitosa perennis.

Genus Fissidentibus affine tam forma frondis quam dentium conformatione numeroque, sed calyptra conica basi semper integra, ramificatione ut et habitatione in aquis maxime autem diversum.

SECT. I. *Pedunculis terminalibus.*

CONOMITRIUM HEDWIGII, Montag.

Botanique, 2.ᵉ part., pl. III, fig. 1.

C. caule flexuoso filiformi ramoso, foliis subdistichis lanceolatis acutis, inferioribus minutis squamiformibus, pedunculis in ramis terminalibus, capsulæ obovatæ operculo conoideo-acuminato.

Fissidens semicompletus, Hedw., *Musc. frond.*, III, p. 34, tab. XIII; *Cecalyphum semicompletum*, Pal. Beauv., *Prodr.*, p. 57; *Skitophyllum semicompletum*, de la Pyl., *Journ. de Bot.*, Desv., 1813, V, p. 51, t. 38, fig. 13; *Octodiceras fissidentoides*, Brid., *Mant. Musc.*, p. 186, t. 1, fig. 7; *ejusd. Bryol. univ.*, II, p. 676; *Dicranum? semicompletum*, W. Arn., *Mém. de la Soc. Linn. Par.*, I, p. 254.

Musci.

Hab. Huncce muscum saxis et arborum radicibus adhærentem in alveo cujusdam torrentis exsiccato quidem, sed post imbres inundato, in consortio sequentis at illi non immixtum prope *Valparaiso* regni chilensis legit cl. Alcides d'Orbigny.

Caulis fluitans vel depressus repens, bipollicaris et ultra, vix seta porcina crassior, flexuosus, basi spadiceus, ætate denudatus nigricans, superne e luteo-viridis, ramosus, ramis e duplicatura foliorum, cæterum cauli primordiali similibus. *Folia* inferiora caulis ramorumve parvula, squamiformia, ovato-subulata, alterna, subdistantia, superiora subdisticha, patenti-erecta, lineari-lanceolata, acuta, fere ad mediam partem duplicato-fissa, semivaginantia, nervo colorato brunneo oblique a basi ad apicem percursa, margine integerrima, e luteo-viridia, apice decurva, subsecunda, siccitate tantillum crispula. *Retis areolæ* e quadrato-subrotundæ, obscure pentagonæ, confusæ, ad marginem tantummodo perspicuæ. *Flos femineus* in ramis ante fecundationem leviter nutantibus terminalis. *Folia involucralia* quatuor : 1.° extimum breve, squamuliforme seu ad partem foliorum normalium duplicato-fissam quasi reductum et in acumen dimidiam folii partem metiens, desinens; 2.° duo interiora longiora, foliis caulinis rameisve non absimilia; 3.° intimum tandem pistillo (*Archegonio*, Bisch.) brevius, ovato-lanceolatum, fissura nulla nec nervo instructum, areolis majoribus reticulatum et decoloratum. *Archegonium* pedicellatum, basi subincrassatum, stylo longo laxe celluloso apice patulo coronatum, paraphysibus brevissimis hyalinis articulatis parcis cinctum. *Flos masculus* perpusillus, vix quartam millimetri partem adæquans, et ita nudorum aciem oculorum effugiens, in duplicatura foliorum superiorum axillaris aut rarius terminalis. *Folia involucralia* quatuor sibi consimilia, ovata, concava, enervia, obtusa, imbricata, grosse areolata, basi aliquot paraphysibus? circumdata, et intus *Antheridium* unicum (in speciminibus saltem dissectis et accurate examinatis) obovatum, breviter subpedicellatum foventia. Hæc ita sunt quod ad flores attinet masculos in axillis foliorum nidulantes, solos, ut videtur, a celeb. Hedwigio exploratos et depinctos. Alia autem inveni genitalia mascula ramos terminantia et in duplicatura foliorum supremorum collocata. *Folia perigonialia* ab illis quæ paulo antea descripsi ut flori masculo axillari priva, parum diversa, grandiora tamen et magis acuta. *Antheridia* tria, majora, oblonga obovatave apice, jam fovilla pollinis? evacuata, aperta, dilute luteo-fusca, basi subpedicellata, paraphysibus duplo longioribus paucis stipata. *Pedunculus* e vaginula conico-truncata obliqua ad ramorum apicem solitarius, erectus, seu leniter curvato-flexuosus, lineam et quod excedit longus, fuscescens. *Capsula* minutula, obovata, æqualis, interdum sub ore constricta, primo viridis, tandem obscure fusca. *Peristomii* simplicis dentes sedecim! irregulariter bifidi, cruribus inæqualibus, incurvo-erecti, trabeculati, rutilantes, demum capsulæ concolores. *Annulus nullus*. *Operculum* conoideo-acuminatum, rubellum. *Calyptra* desideratur. *Seminula* globoso-polyedra pro plantæ ratione majuscula luteo-fusca.

Obs. Comme je l'ai déjà dit dans l'histoire du genre *Conomitrium* (Monographie du genre Conomitrium, Ann. des sc. nat., 2.e sér., Bot., tom. VIII, p. 239), je ne conserve guère de doute sur la synonymie de cette Mousse. Comparée dans toutes ses parties avec le *Fissidens semicompletus* d'Hedwig, je n'y vois nulle autre différence que le nombre double des dents du péristome. Or, j'ai tout lieu de croire que c'est à l'état de vétusté de ses exemplaires qu'il faut attribuer la prétendue anomalie observée par cet auteur. Il est en effet peu probable que dans un genre aussi naturel que le nôtre la nature se soit ainsi jouée de ses propres lois. Ce n'est point ordinairement par des sauts aussi brusques qu'elle lie entre elles les formes variées dont elle s'est plue à revêtir les êtres organisés. Je ne nie pourtant pas que la chose ne puisse avoir lieu; je dis seulement que cela serait étrange et surtout peu en harmonie avec les immuables lois auxquelles elle s'est assujettie. Hedwig, observateur si exact d'ailleurs et si consciencieux, aura donc été trompé par quelque fausse apparence, ou peut-être encore dans l'étude de ces infiniment petits où les causes d'erreur sont si fréquentes, a-t-il rencontré dans la capsule qu'il a fait dessiner une espèce de monstre, dont les dents du péristome soudées lui en auront imposé. J'ai remarqué, en effet, dans une de celles de ma plante que j'ai examinées, que non-seulement les dents elles-mêmes, mais encore leurs lanières, avaient une tendance très-manifeste à se souder entre elles. On retrouve encore cette disposition dans plusieurs autres Mousses aquatiques.

Cette espèce est surtout distincte des deux dernières par la position des capsules à l'extrémité des rameaux. Hedwig le dit positivement de la sienne : *Flos femineus ramulos terminans*. C'est donc à tort que dans la figure grossie qu'il en donne, le dessinateur en a fait partir une de l'aisselle d'une feuille caulinaire. Trompés par cette figure erronée, Bridel[1] et M. de la Pylaie[2] ont avancé que les pédicelles étaient ou latéraux ou terminaux. Il est certain qu'ils offrent tous cette dernière disposition dans ma Mousse, ainsi que l'affirme Hedwig de la sienne.

Cet auteur parle encore du grand nombre de racines qui partent soit du bas de la tige, soit de l'aisselle des feuilles, là où naissent des rameaux. Ce n'est pas dans cette seule espèce qu'on les observe; on les retrouve dans toutes, mais dans les échantillons fructifiés de la suivante plus encore que dans les deux autres.

Avant que M. d'Orbigny, à qui toutes les branches de l'histoire naturelle sont si redevables, eût fait connaître l'*habitat* de cette Mousse et celui du *Conomitrium Dillenii,* on était dans une complète ignorance à ce sujet. C'est au point qu'on voit Dillen et Hedwig, chacun de son côté, se demander si la Mousse qu'ils avaient sous les yeux habitait les eaux ou vivait sur les écorces d'arbres, et rester dans le doute, bien que la structure et les caractères naturels de la plante leur fissent penser qu'elle devait être aquatique. Ce qui surtout semblait à Hedwig un fort argument contre cette dernière supposition, c'était l'énorme quantité de racines qu'il observait le long de la tige à la naissance des

1. *Pedunculus e vaginula ovato-truncata* IN CAULE frequentius IN RAMIS axillaris.... Bryol. univ., II, p. 676.

2. *Capsulæ verticalis ellipticæ pedunculo* VEL LATERALI vel in ramulo TERMINALI. Journ. bot., Desv., V, p. 51.

Musci. rameaux. S'il avait su que ces Mousses vivaient sur les parois de torrens alternativement submergés et à sec, il eût compris comment, après l'écoulement des eaux qui les avaient tenues flottantes, elles avaient pu, pendant la sécheresse, contracter avec le sol des adhérences au moyen de ces racines, que de semblables circonstances font presque toujours naître chez ces plantes. Dillen se serait également rendu compte comment sa Mousse, quoique aquatique, avait pu s'attacher à l'écorce des arbres et en porter des vestiges, puisque l'on conçoit facilement que des racines d'arbres mises à nu par des cours d'eau aient pu, aussi bien que des pierres, servir de support à ces Mousses. C'est en effet ce que j'ai observé dans le *Conomitrium Dillenii*. La touffe rapportée par notre voyageur tenait encore, quand je l'ai préparée, à un morceau d'écorce macérée par son séjour prolongé dans l'eau.

Hedwig a bien vu les fleurs mâles, mais il n'a pu en décrire ni en figurer que les feuilles périgoniales, lesquelles sont identiquement les mêmes que celles de ma Mousse. J'ai eu sur lui l'avantage d'observer les Anthéridies, probablement parce que mes exemplaires étaient en meilleur état. Une chose toutefois qu'il est bon de noter, c'est l'excessive difficulté qu'on rencontre dans la dissection de ces organes. Ainsi il m'a fallu deux matinées entières pour séparer l'une de l'autre, sans les endommager, les quatre feuilles du périgone et arriver à trouver intacts les organes mâles cachés dans le centre. On sera moins étonné de mon assertion, quand j'aurai dit que l'espèce de gemme qui constitue la fleur mâle n'est pas visible à l'œil nu, qu'il faut au moins une bonne loupe pour l'observer, qu'en un mot elle n'a que $\frac{18}{100}$ de millimètre en hauteur, et $\frac{14}{100}$ en largeur.

J'ai également trouvé des fleurs femelles non fécondées (*Archegonia*, Bisch.). Les feuilles périchétiales sont conformes à ce qu'en dit Hedwig. L'Archégone ou le Pistil est ordinairement unique dans cette espèce et un peu penché avant la fécondation. Cependant j'ai vu des gaînes sur lesquelles étaient implantés quatre ou cinq ovaires non fécondés. Quelques courtes et rares paraphyses accompagnent l'Archégone. On conçoit en effet que si celles-ci ont l'usage que quelques muscologues leur attribuent, elles deviennent bien moins nécessaires dans les espèces aquatiques que dans les autres.

Une chose remarquable et dont j'ai déjà dit un mot, c'est l'inégalité et l'irrégularité des lanières des dents du péristome et leur tendance à se souder entre elles. Dans les quatre dents que j'ai dessinées à un fort grossissement (380 diamètres), on en trouve une dont les lanières sont réunies au sommet; un sillon fort apparent montre pourtant qu'elles ont dû être séparées. Bien plus, j'ai vu une dent divisée en trois lanières filiformes, mais cela est fort rare.

Je n'ai pu observer la coiffe ni dans cette espèce, ni dans le *C. Dillenii*. On imagine sans difficulté que cet organe est de bonne heure entraîné par le courant de l'eau.

Cette Mousse forme de petites touffes de la longueur du doigt. Elle doit flotter sur l'eau, dont elle suit le cours; car ses pédoncules redressés forment un angle droit avec le rameau de l'extrémité duquel ils naissent. C'est en cela que consiste le caractère spécifique de l'espèce qui nous occupe. La suivante, ou le *Conomitrium Julianum*, a bien aussi un caractère qui l'en rapproche, puisque c'est également au sommet des rameaux que sont placées les capsules. Mais ces rameaux sont courts et naissent au nombre d'un à trois à l'aisselle et dans la duplicature des feuilles de la tige. Les deux autres espèces de ce genre sont remarquables par des pédoncules axillaires.

Explication des figures.

Pl. 3, fig. 1. *a*, individu de *Conomitrium Hedwigii* de grandeur naturelle. *b*, extrémité d'un rameau du même, chargé d'une capsule terminale et grossi dix fois. *c*, feuille caulinaire vue au même grossissement. *d*, fleur mâle grossie 40 fois. On voit trois anthères déjà vides et, à la base, deux autres plus jeunes encore entières. Ces anthères sont accompagnées de quelques paraphyses. Les feuilles périgoniales sont tout à fait semblables à celles qu'a figurées Hedwig. C'est pour cela qu'on s'est abstenu de les reproduire ici. *e*, quatre dents du péristome grossies 12 à 15 fois.

CONOMITRIUM JULIANUM, Montag.

C. caule fluitante tenerrimo capillari subpinnatim ramosissimo ramisque frondiformibus; foliis alternis distichis angustissime lineari-lanceolatis acutissimis; pedunculis ramulos axillares brevissimos terminantibus; capsulæ omnium minimæ turbinatæ vel pyxidatæ operculo convexo longissime rostrato.

Muscus pinnatus aquaticus ramosissimus Linariæ foliis, capitulis.... Mich., *Nov. Gen.*, p. 114, n.ºs 87 et 88; *Fontinalis Juliana?* Savi, *Fl. Pis.*, 2, p. 114; DC., Fl. fr., *Suppl.*, p. 236; Duby, *Bot. Gall.*, p. 554; Bals. et De Notar., *Bryol. Mediol.*, p. 56; *Skitophyllum fontanum*, de la Pyl., Journ. bot., Desv., 1813, tom. V, p. 52, t. 34, fig. 2; *Octodiceras Julianum*, Brid., *Bryol. univ.*, II, p. 678; *Dicranum? semicompletum?* W. Arn., *Mém. de la Soc. Linn. Par.*, V, p. 254; *Conomitrium Julianum*, Montag., Ann. des sc. nat., 2.e sér., Bot., tom. VIII, p. 239, pl. 4; De Ntrs., *Syll. Musc. Ital.*, p. 87.

Hab. In rivulis Italiæ, Corsicæ et in aquis puris fontium Galliæ meridionalis occidentalisque vulgatissimum sed usquedum semper sterile repertum. In sola insula *Uxanthus* dicta, littoribus armoricis obversa, egregiam hanc speciem capsulis maturis onustam in fonte quadam nomine Lanegrac'h insignita Aprili 1819 exeunte detexit et mecum nuperrime (1837) tantum communicavit cl. de La Pylaie, indagator strenuus muscorum necnon generis *Skitophylli* monographus diligentissimus.

Obs. Il est difficile d'imaginer les motifs qui ont porté un bryologiste allemand à réunir cette espèce avec la suivante, si toutefois il les a vues toutes deux. Du reste il paraît qu'elle a été trouvée dans l'Amérique septentrionale, d'où M. Schimper l'a reçue et m'en a communiqué un exemplaire. M. Welwitsch m'en a aussi donné de beaux exemplaires en fructification, qu'il avait recueillis en Saxe, près de Pirna.

SECT. II. *Pedunculis axillaribus.*

CONOMITRIUM DILLENII, Montag.

Botanique, 2.ᵉ part., pl. III, fig. 5.

C. caule frondiformi fluitante prostratove simplici vel ramoso, foliis alternis distichis oblongo-lanceolatis subscalpelliformibus erectis evanidinerviis, pedunculis solitariis gemellisve axillaribus cauligenis, capsulæ ovatæ operculo cuspidato incurvo.

Muscus americanus Linariæ foliis acutissimis, Tourn., J. R. H., p. 555 (corr. Brid.); *Fontinalis parva, foliis lanceolatis*, Dill., *Hist. Musc.*, p. 259, t. XXXIII, fig. 4; *Fissidens semicompletus*, Hedw. et Auct. pro parte. *Skitophyllum Dillenii*, de la Pyl., *loc. cit.*, p. 54, t. 36, fig. 14; *Octodiceras Dillenii*, Brid., *Bryol. univ.*, II, p. 677.

Hab. In eodem loco cum *Conomitrio Hedwigii.*

Caulis fluitans, frondiformis, quadripollicaris, flexuosus, luteolus, a basi denudata ramosus, ramis elongatis subfastigiatis. *Folia* disticha, alterna, oblongo-lanceolata, ad medium duplicato-fissa, erecto-inflexa et inde, ut ut remotiuscula, ramos frondiformes efformantia, nervo obliquo longe ante apicem evanescente instructa, inferiora breviuscula, superiora sub apicem cultriformem constricta, scalpelliformia, viridi-glauca seu rore glauco conspersa, demum (an limo conspurcata?) nigricantia. *Retis* areolæ crassæ, exacte pentagonæ, marginales aut nervo confines, subtetragonæ. *Flos masculus* axillaris, subpedunculatus. *Folia perigonialia* quatuor ovata, mucronata, concava, imbricata, grosse areolata. *Utriculus Antheridii* unici oblongus, longius quam in *Conomitrio Hedwigii* pedicellatus. *Pedunculus* e vaginula oblonga truncata basi 1-3 squamis ovato-lanceolatis subulatis instructa, in caule axillaris, solitarius gemellusque, erectus, vix linearis, subfuscus. *Capsula* ovato-urceolata breviuscula fusca. *Peristomii* dentes sedecim inflexi, transversim striati, purpureo-nigricantes, bifidi, cruribus acuminatis filiformibus subæqualibus. *Operculum* convexo-acuminatum, acumine leviter incurvato, capsulæ concolor. *Calyptra* deest. *Seminula* globoso-polyedra e luteo-fusca.

Obs. A l'époque où Dillen publia la figure de sa Mousse, qu'il avait reçue de la Patagonie et qu'il avait aussi vue dans l'herbier de Guill. Shérard, provenant de l'une des Antilles, le besoin de l'analyse et de dessins amplifiés ne s'était point encore fait sentir. Le petit nombre d'espèces connues alors n'exigeait pas des distinctions si subtiles, et l'on se contentait de montrer les objets de grandeur naturelle. C'est donc seulement d'après le port de la Mousse de Dillen que j'en rapproche l'une des deux espèces que nous devons au zèle investigateur de M. Alc. d'Orbigny. Mais je me trompe en indiquant le port comme le seul signe de l'identité des deux Mousses. Il est encore un autre caractère plus important d'après lequel on peut, sans être taxé de trop de témérité, affirmer qu'elles ne sont pas différentes : je veux parler des pédoncules solitaires cauligènes et axillaires; caractère qu'on ne retrouve que dans le *Conomitrium Berterii*, lequel se distingue de celui-ci par un port tout différent, son *habitat* dans des sources vives, des feuilles autrement conformées, enfin des pédoncules plus souvent ternés que solitaires.

Les feuilles de notre espèce sont remarquables par leur forme en lame de sabre un peu courbe, ayant la convexité en dehors et la concavité du côté de la tige, circonstance d'où dépend la forme générale en fronde des rameaux. En effet, quoique naissant à des distances assez éloignées l'une de l'autre relativement à la petitesse des frondes, leur sommet redressé, non patent, se cache en partie sous la feuille supérieure. La nervure n'atteint jamais le sommet, et là où elle cesse la feuille s'étrangle en dedans et se termine par une portion dont la forme rappelle assez bien celle d'un scalpel convexe. Ces feuilles offrent encore ceci de remarquable : dans le jeune âge elles sont recouvertes d'un enduit glauque, assez semblable à celui de quelques phanérogames.

Cette Mousse, qui croît dans le même torrent que la première, forme des touffes beaucoup plus volumineuses, d'au moins quatre pouces de longueur, fixées aux racines qui rampent le long des parois du ravin dans lequel coule le torrent lors de la saison des pluies. Les capsules ne s'observent guère que le long de la tige principale.

Explication des figures.

Pl. 3, fig. 5. *a*, un individu isolé de *Conomitrium Dillenii* vu de grandeur naturelle. On voit que, comme dans le *C. Berterii*, les capsules occupent l'aisselle des feuilles dans le bas des tiges. *b*, rameau grossi 6 fois, pour montrer la forme et la disposition des feuilles. *c*, un autre rameau encore plus grossi (25 fois), pour montrer en *d* une fleur mâle. *e*, réseau des feuilles grossi 160 fois. *f*, une capsule grossie 25 fois et munie en *g* de son opercule soulevé; en *h*, de sa gaîne, et en *i*, de ses feuilles périchétiales. *k*, capsule déoperculée et garnie de son péristome composé de 16 dents bifides; elle est grossie 50 fois. *l*, séminules polyèdres grossies 160 fois.

CONOMITRIUM BERTERII, Montag.

Botanique, 2.ᵉ part., pl. III, fig. 4.

C. caule fluitante filiformi ramosissimo, ramis superioribus subfasciculatis, foliis distichis, dissitis, alternis angustissime linearibus patentibus, supremis longissimis, pedunculis 1-3 *axillaribus cauligenis, capsulæ ovatæ operculo acuminato.*

Najas? species nova ex Bertero, n.° 1175.

Hab. Ad saxa in scaturiginibus collium editiorum, loco *La Campana chica* dicto (*Campana parva*) [gallice *la petite cloche*], prope Quillota in regno chilensi a B. Bertero detectum et ei, ut par est, religiose dicatum.

Caulis fluitans, filiformis, tri- quinquepollicaris, ex axillis foliorum inferiorum radicellas quam plurimas emittens, basi subsimplex, apice ramosus, ramis subfasciculatis, saltem confertioribus. *Folia* disticha, remota, alterna, patentia, seu angulum 45° cum

Musci. ramo efformantia, inferiora breviora, plerumque semi-destructa, nervo spinescente tantum remanente (ut mos est plerisque muscis aquaticis) superioraque sensim a basi ad apicem ramorum *in longitudinem* crescentia, ad medium duplicato-fissa, suprema tandem longissima, vix ad tertiam partem duplicato-fissa, sicca aut madefacta æque crispula, omnia angustissime lineari-lanceolata, acutissima, tenerrima, nervo albo subcontinuo percursa, e luteo viridia tenuissime reticulata. *Retis areolæ* sub microscopio *composito* subindistinctæ, in foliis novellis perichætialibusque *magis* conspicuæ, subrotunde tetra-pentagonæ, interstitiis crassis, ad margines oblongæ. *Flos masculus* gemmiformis, minimus, quartam millimetri partem haud ferme superans, in foliorum superiorum fissura solitarius vel raro florum feminearum consors. *Perigonium* triphyllum, foliolis ovatis, concavis acuminulatis, *exteriore nervoso*, reliquis enerviis grosse quadrato-areolatis, hyalinis. *Antheridia* quatuor, oblonga, paraphysibus destituta. *Flos femineus* solitarius, ternusque, quisque suo perichætio utens, in axillis foliorum caulinorum sessilis. *Folia perigonialia* tria, quorum exteriora ovata, acuminata, *enervia*, intimum autem ad normam foliorum caulinorum præter magnitudinem factum, et in fissura *Archegonia* tria, unico fecundaturo, fovens. *Pedunculi* e vaginula oblonga, truncata, in quavis foliorum caulis primarii axilla solitarii, aut etiam terni, basi tribus foliis perichætialibus ovato-acuminatis concavis, cincti, millimetrum parum superantes, erecti, spadicei. *Capsula* ovato-oblonga cum operculo conico-acuminato *concolor*, ejusdem ac pedunculus longitudinis. *Peristomii* dentes sedecim erecti, transversim striati, ad medium bifidi, cruribus filiformibus, inæqualibus. *Calyptra* longe conica, basi integra, subrepanda, helvola, apice subulato *brunneo*.

Obs. C'est au zèle intelligent de Bertero que nous devons cette belle Mousse, bien différente de la précédente, quoique originaire de la même contrée. Elle est sans aucun doute la plus belle du genre, soit par l'élégance de son port élancé, soit par la forme étalée de ses frondes ou rameaux, qui paraissent fasciculés au sommet de tiges nues dans le bas. Comme dans le *Conomitrium Dillenii*, ce n'est que sur celles-ci qu'on rencontre les fructifications. Chaque duplicature de feuille contient dans son aisselle de *un à trois* pédoncules; mais comme la feuille se corrompt promptement et que la nervure seule persiste, ceux-ci paraissent presque nus. On trouve ordinairement trois fleurs femelles distinctes dans chaque aisselle. Avant la fécondation on y observe jusqu'à quatre pistils ou archégones, dont un seul pour chaque fleur se développe. De là vient que chacun des pédoncules est muni d'un périchèse propre. Les fleurs mâles, axillaires aussi, petites comme dans toutes les espèces du genre, contiennent quatre anthéridies oblongues ou en massue très-courtes.

J'ai observé sur l'une des capsules de cette Mousse un exemple assez remarquable de végétation ou plutôt de germination sur place. L'opercule légèrement soulevé par les dents, il s'échappait d'entre deux de celles-ci une tige d'environ un millimètre de longueur, chargée de cinq feuilles alternes d'un vert tendre. La germination d'une séminule dans la capsule entr'ouverte est facile à expliquer dans une mousse aquatique.

Explication des figures.

Pl. 3, fig. 4. *a*, un individu de *Conomitrium Berterii* vu de grandeur naturelle. C'est un des plus petits individus qu'on a figuré; il y en a qui ont jusqu'à six ou sept pouces de hauteur. *b*, sommité d'un rameau pour montrer la forme des feuilles. *c*, portion inférieure de la tige principale montrant les fructifications, souvent au nombre de trois, dans l'aisselle ou duplicature des feuilles; chaque pédoncule a un périchèse qui lui est propre. Ces deux figures sont grossies 6 fois seulement. *d*, une capsule déoperculée grossie 25 fois. *e*, quatre dents du péristome grossies 80 fois. *f*, coiffe conique, entière à la base, grossie 25 fois. *g*, capsule remarquable par la germination, dans sa cavité, d'une séminule. On voit en effet sortir la tige d'un nouvel individu.

Distribution géographique.

Les espèces du genre *Conomitrium* habitent de préférence les climats tempérés des deux hémisphères, presque toujours en dehors des tropiques ou du moins sur leurs limites. Ainsi, les échantillons que Dillen dit avoir vus dans l'herbier de Sherard et qui provenaient de l'île de la Providence, de même que le *Fissidens debilis* de M. Schwægrichen, trouvé par du Petit-Thouars à Bourbon, appartiennent aux points les plus rapprochés de l'équateur où aient encore été observées ces Mousses. On en a trouvé plusieurs espèces dans l'Amérique septentrionale. Les limites de l'espèce européenne ont changé depuis la publication de mon mémoire sur le genre. Si nous devons en croire M. Hampe, qui confond cette espèce avec l'*Octodiceras Dillenii*, Brid., elle aurait été retrouvée près de New-York. M. Welwitsch en a cueilli près de Pirna, en Saxe, des échantillons bien fructifiés, qu'il m'a communiqués. Outre la localité où elle a été trouvée pour la première fois en fruit par M. de la Pylaie, je puis encore en indiquer une seconde. M. Guepin l'a cueillie avec des capsules dans la Mayenne, près d'Angers. Mon savant ami Schimper m'en a aussi adressé des échantillons en fruit venant de l'Amérique septentrionale.

PLEUROCARPI, Brid. *Capsula lateralis.*

FABRONIA NIVALIS, Montag.

Botanique, 2.ᵉ part., pl. III, fig. 3.

F. caule repente inordinate ramoso, ramis filiformibus subfasciculatis apice incurvis, foliis ovato-lanceolatis piliformi-acuminatis, subsecundis, inæqualiter dentato-ciliatis, seminerviis, capsula ovato-oblonga pyriformive, operculo convexo rostrato, rostro tenui incurvo. Cent. Pl. cell. exot. nouv., *loc. cit.*, p. 57.

Hab. Ad terram inter saxa prope Cochabamba provinciæ *Ayopaya* (Bolivie), in summis jugis Andium orientalium, 2200 hexapodum altitudine supra mare, juxta nives æternas detexit cl. d'Orbigny.

Caulis repens, sex ad octo lineas metiens, inordinate ramosus. *Rami* ut plurimum ascendentes, ultimi subfasciculati, bilineares, teretes, dense foliosi. *Folia* imbricata, humiditate erecto-patentia, siccitate cauli appressa, apices versus ramorum secunda, ovato-lanceolata, concava, acuminata, acumine filiformi longo diaphano, ambitu inæqualiter dentato-ciliata, nervo medium attingente exarata, viridi-lutea. *Perichætialia* minima, oblonga, acuminata, apice acute serrata, enervia; omnia pellucida. *Retis areolæ* oblongæ, angustæ. *Pedunculus* e caule primario ramisque lateralis, bilinearis, e basi flexuosa erectus, tortilis, pallidus. *Vagina* oblonga, truncata. *Capsula* oblonga deorsum attenuata, s. pyriformis, ore angustato, rufo-brunnea. *Peristomii* dentes sedecim per paria approximati et conjuncti, triangulares, *obtusi*, siccitate erecti, madore autem conniventes, senio tandem introrsum flexi. *Annulus*......? *Operculum* convexum rostro brevi sæpius incurvato præditum, capsulæ concolor. *Calyptra junior* pallida cuculliformis, apice breviter acuminata.

Obs. Cette jolie Mousse a des affinités très-grandes avec les *F. octoblepharis*, Schwægr., dont elle diffère par ses dents courtes et obtuses, et *F. major*, De Ntrs., qui s'en distingue par ses feuilles planes et son opercule conique. Elle est pour ainsi dire intermédiaire entre ces deux Mousses.

Explication des figures.

Pl. 3, fig. 3. *a*, un individu de *Fabronia nivalis* de grandeur naturelle. *b*, le même grossi trois à quatre fois. *c*, une feuille caulinaire grossie douze fois. *d*, une coupe transversale de la même, vers le milieu de sa longueur et grossie du double de la précédente. *e*, gaîne du pédoncule avec deux feuilles périchétiales, grossies 12 fois. *f*, coiffe encore jeune, grossie 22 fois. *g*, capsule dont l'opercule a été enlevé et qui montre quatre des huit paires de dents qui bordent son orifice, grossie 25 fois. *h*, la même encore recouverte de son opercule et grossie seulement 16 fois. *i*, opercule isolé, vu à un grossissement de 40 fois. *k*, séminules grossies 90 fois.

LEPTODON CORONATUS, Montag.

L. caule repente ramoso, ramis adscendenti-erectis subpinnatis, fertilibus, ramulis patenti-erectis teretibus, foliis ovatis acuminatis, margine subrecurvo bistriatis seminerviis, capsula erecta elongato-subcylindracea, operculo acuminato incurvo. Cent. Pl. cell. exot. nouv., *loc. cit.*

Hab. Ad cortices arborum in sylvis prope Iribucua (*république Argentine*) mense Octobris cum capsulis maturis legit cl. d'Orbigny.

Caulis repens, filiformis, foliis denudatus, ramosus. *Rami* ascendenti-erecti, apice recti aut incurvi, iterum ramosi, ramulis subpinnatis aut oppositis, erecto-patentibus, brevibus, teretibus, obtusiusculis. *Folia* imbricata, ovata, acuminata, concava, margine subreflexo plano bistriata, striis apicem non attingentibus, nervo dimidiato mediocri percursa, pallide viridia, madida patenti-erecta, siccitate cauli appressa. *Perichætialia* ovato-subulata, longissima, concava, enervia, pallida. *Retis areolæ* minimæ, oblongæ, oblique seriatæ. *Pedunculus* e vaginula oblonga, paraphysibus copiosis cincta archegoniisque onusta, in ramis lateralis, brevissimus, vix lineam metiens, pallidus, tortilis, totus perichætio immersus. *Capsula* erecta, elongato-cylindracea, sursum deorsumque subattenuata, sub ore siccitate constricta, viridis, demum subfusca. *Peristomii* dentes sedecim albissimi, longiusculi, inflexo-conniventes, apice erecti, coronam regiam referentes, unde nomen specificum traxi, transversim striati, hyalini, linea media longitudinali notati. *Annulus* nullus. *Operculum* parvulum, conico-acuminatum, incurviusculum, pallidum. *Calyptra* longitudine capsulam adæquans, helvola, latere fere ad apicem fissa, pilis tenerrimis albidis hirta.

Obs. Cette Mousse est fort voisine du *Leptodon trichomitrion*. Elle me semble pourtant s'en distinguer suffisamment par la forme très-allongée, presque lancéolée de sa capsule, par la longueur deux fois plus grande des dents du péristome, par la disposition différente de celles-ci, enfin, par la présence d'une nervure très-délicate qu'on ne voit bien que par transparence. Quoi qu'il en soit, pour remplir mes devoirs d'historien exact, j'ai dû mentionner ces différences, qui pourront paraître de quelque importance aux yeux des personnes que n'effraie point le nombre incessamment croissant des espèces, mais que d'autres trouveront peut-être trop légères pour motiver la distinction de celle-ci.

HOOKERIA ASPLENIOIDES, Steud.

H. caule procumbente compresso, vage et parce ramoso, foliis subimbricatis distichis ovatis apiculatis spinuloso-serratis subenerviis, lateralibus patentissimis majoribus. Brid.

Pterygophyllum asplenioides, Brid., *Mant. Musc.*, p. 151; *Bryol. univ.*, II, p. 345; *Hookeria asplenioides*, Steud., *Nom. crypt.*, p. 201; Schwægr., *Suppl.*, III, t. 276, *b.*

Var. *nervo subcontinuo*, Montag.

Hab. In sylvis collinis densis humidis inter Chupé et Yanacaché sterilis lecta. Herb. Mus. Par., n.° 197.

Obs. Nos échantillons, comparés avec la description de Bridel et la figure donnée par M. Schwægrichen, offrent quelques légères différences. Ainsi les feuilles de notre Mousse, un peu obovales, sont très-finement denticulées et non à dents épineuses; la nervure, au lieu d'être courte et géminée, parcourt toute la longueur de la feuille et ne s'évanouit que très-près du sommet. Tout le reste, le port, la taille de la plante, sa ramification, etc., convient parfaitement. Est-il nécessaire, pour de si légères anomalies, de créer une nouvelle espèce? Je ne le pense pas. Le nom spécifique est d'ailleurs fort convenable, car il est impossible de mieux simuler que ne le fait cette Mousse des échantillons du *Plagiochila asplenioides*.

HOOKERIA SPLENDIDISSIMA, Montag.

H. caule radiciformi flexuoso repente, divisionibus procumbentibus planis simpliciusculis, foliis quadrifarie imbricatis, lateralibus horizontaliter distichis, intermediis erectis appressis, omnibus ovato-oblongis apice breviter acuminatis integris prorsus enerviis nitidissimis, pedunculo exserto brevi subincurvo, capsula ovato-pyriformis operculo e convexa basi rostrato.

Hookeria splendidissima, Montag., *Prodr. Fl. Juan Fern.*, in Ann. des sc. nat., 2.e sér., Bot., tom. 4, p. 97.

Hab. In insula Juan Fernandez muscum huncce legit Bertero, sed sterilem, unde genus dubium. Postea in regno chilensi eumdem invenit cl. Gay, qui specimen unicum capsulis onustum, in bryophylacio vero diu neglectum mecum benigne communicavit. Pulcherrima distinctissimaque species icone olim illustranda.

NECKERA UNDULATA, Hedw.

N. caule decumbente pinnatim ramoso, ramis simplicibus, foliis oblongis apice truncatis undulatis bifariam imbricatis patentibus, nervo brevissimo instructis, capsula ovata perichætio longissimo immersa, operculo subulato.

Neckera undulata, Hedw., *Musc. Frond.*, III, p. 51, t. 21; Sw., *Fl. Ind. occ.*, III, p. 1780; Brid., *Bryol. univ.*, II, p. 241.

Hab. Ad corticem arborum in Bolivia lecta.

NECKERA DENDROIDES, Hook.

N. caule primario repente diviso, divisionibus erectis bipinnatis, ramis explanatis, foliis distichis oblongis rotundo-ovatisve serratis nervo citra medio instructis, pedunculo brevi, capsula exserta ovato-cylindracea.

Neckera dendroides, Hook., *Musc. exot.*, II, t. 69; *Climacium neckeroides*, Brid., *Bryol. univ.*, II, p. 276.

Hab. Ad corticem arborum in sylvis humidis Boliviæ, secus rivum *Icho* dictum (pays des Yuracarès) huncce muscum hucusque in Australia repertum, sterilem vero, mense Julii, legit cl. d'Orbigny. Herb. Mus. Par., n.° 322.

Obs. Je possède des exemplaires authentiques de cette belle Mousse, que je dois, avec beaucoup d'autres aussi intéressantes que rares, à l'obligeance et à la générosité de M. Hooker. L'exemplaire unique et stérile rapporté par notre voyageur n'en diffère que par une nuance générale plus verte, due sans doute à l'état jeune de la plante, et par des nervures qui ne disparaissent qu'un peu au-dessous du sommet. L'espèce précédente nous a déjà montré combien ce dernier caractère est variable. Je ne puis donc croire que ce soit une espèce distincte. C'est toutefois, bien certainement, une des plus élégantes Mousses connues.

NECKERA PENNATA, Hedw.

N. caule decumbente ramoso, ramis erectis alterne subpinnatis explanatis, foliis oblongo ovatove lanceolatis abrupte vel sensim acuminato-mucronulatis integris vel interdum sub apice tenuissime serrulatis, bifariam imbricatis, anticis posticisque erecto-patentibus, lateralibus divergentibus, ad speciem subfalcatis, subenerviis; capsula ovata erecta, perichætio immersa, operculo conico-acuminato, subrostellato, rostello recto aut incurviusculo. Nob.

Fontinalis pennata, Linn., *Sp. Pl.*, p. 1371; *Hypnum pennatum*, Gmel., *Syst. nat.*, II, p. 1340; Hall., *Helv.*, t. 45, fig. 2; *Neckera pennata*, Hedw., *Musc. Frond.*, III, p. 47, t. 19; Brid., *Bryol. univ.*, II, p. 238.

Hab. Ad truncos arborum prope *Pucara* provincia *Valle grande*, in Bolivia, mense Novembris, cum fructu legit cl. d'Orbigny. Herb. Mus. Par., n.° 384.

Obs. Bridel observe avec toute raison qu'aucune autre Mousse n'est plus polymorphe que celle-ci. Il en est au reste de même de la plupart des espèces cosmopolites, chez lesquelles ordinairement l'influence du climat et des localités modifie, dans des limites plus ou moins restreintes, les formes primitives et typiques. Ces modifications sont parfois assez profondes pour imprimer une physionomie différente à la plante entière. Toujours est-il que, dans l'établissement de quelques espèces, on n'a pas tenu assez compte des différences que présente la même Mousse, selon qu'elle a crû sous telle ou telle latitude. Je possède des échantillons authentiques du *Neckera pennata*, provenant des Vosges, de la Suisse, de la Norwège, des îles Canaries, du cap de Bonne-Espérance, du Chili, de la Bolivie et du Mexique. Tous, quoique semblables par leurs caractères essentiels, offrent pourtant quelques variations dont il n'est pas indifférent de tenir compte pour l'histoire de la plante. Bridel et d'autres en ont cité quelques-unes, mais seulement en passant, ainsi qu'on peut le faire dans un ouvrage général. Je vais essayer de passer en revue, aussi rapidement que possible, les aberrations du type qu'a présentées le même organe, soit dans des échantillons de localités différentes, soit, comme je l'ai vu maintes fois, dans le même individu et à la même époque du développement. Cette revue ne me paraît pas devoir être dépourvue de tout intérêt.

Mais auparavant je dois encore rappeler ici, comme je l'ai déjà fait ailleurs[1], que plusieurs échantillons de la même Mousse m'ont été adressés par divers botanistes sous le nom de *Neckera intermedia*, Brid. Or ces échantillons n'offrent nullement les caractères attribués à cette espèce plus que douteuse, soit par Bridel, dans sa *Bryologia universa*, soit par M. Schwægrichen, dans la deuxième partie du premier supplément au *Species muscorum* d'Hedwig. Je viens d'étudier toutes les Mousses recueillies aux îles Canaries par MM. Webb et Berthelot, et je puis dire que je n'en ai trouvé aucune qui m'ait présenté évidemment ces mêmes cararactères, qui sont : des *feuilles oblongues*,

1. Hist. nat. des îles Canaries, par MM. P. B. Webb et Sabin Berthelot, Pl. cell., p. 16 et 17.

Musci. *obtuses et arrondies au sommet*. Et pourtant l'espèce de Bridel est originaire de ces îles. Aucun des exemplaires précités ne présente non plus des feuilles conformées de la sorte. Dans tous, comme dans le *N. pennata*, celles-ci sont, au contraire, terminées par une petite pointe succédant à un rétrécissement plus ou moins brusque du sommet. Il est d'ailleurs bon de tenir note de l'observation de M. Arnott, qui a vu dans l'herbier de M. Bory de Saint-Vincent le *Neckera crispa*, étiqueté du nom de *N. intermedia*. Au moment où j'écris ceci, une lettre de M. Schimper m'annonce qu'il doit incessamment me donner la solution de quelques questions que je lui ai adressées touchant ce *N. intermedia*. Je regrette fort, dans l'intérêt de la vérité, qu'il ait ajourné sa réponse. Quoi qu'il en soit, à moins que Bridel, dans un ouvrage à moi inconnu, n'ait donné une nouvelle définition de la Mousse canarienne, ou n'en ait établi une autre sous ce nom, je ne puis, avec la meilleure volonté du monde, faire cadrer l'ancienne définition avec aucun des exemplaires que j'ai reçus, pas même avec ceux du Chili, de tout point conformes à ceux de M. d'Orbigny, et que je ne trouve pas non plus différens du *Neckera pennata* d'Europe.

Voyons un peu maintenant en quoi cette Mousse diffère souvent d'elle-même. Sa tige est primitivement dressée, mais en grandissant elle se couche sur le sol, comme il arrive, dans d'autres espèces, à certaines souches rampantes. De cette tige couchée s'élèvent les rameaux, qui sont plus ou moins élancés, selon les circonstances dans lesquelles la plante a pris naissance. Dans les exemplaires de Suisse, de Norwège et des Vosges, ils ont à peine deux pouces de haut; dans ceux de Pirna et du Mexique, ils en ont cinq. Ceux du Chili, de la Styrie et de la Bolivie sont intermédiaires. La ramification est la même dans tous, mais on observe des rameaux filescens ou flagelliformes plus prononcés dans la Mousse des Canaries, moins allongés dans les autres, absolument nuls dans les exemplaires de Saxe. Les feuilles sont peut-être les organes qui varient le plus. Leur forme dans certaines limites, leurs ondulations transversales, leurs dentelures, leur nervure ou plutôt le rudiment de cette nervure, offrent de notables variations. Ainsi je les ai trouvées longuement lancéolées dans les échantillons de Pirna, reçus de M. Welwitsch, dans ceux des Canaries; plus courtes et presque ovales-lancéolées dans les exemplaires de la Suisse, du Chili et de la Bolivie. Toutes ont un sommet terminé par une pointe (*acumen, mucro*), mais la pointe succède à un rétrécissement plus ou moins brusque de ce même sommet. Les ondulations ou plis transversaux, en forme de croissant, sont aussi plus ou moins manifestes. En général, elles sont, comme l'avait observé Bridel, en rapport direct avec l'intensité de la température. Mais il y a des exceptions, car les feuilles des échantillons de Norwège sont peut-être chargées d'ondulations plus marquées que celles de la même Mousse provenant de la Bolivie. Quant aux feuilles périchétiales, elles offrent, comme tout le reste de la plante, dans leur forme et leur nombre, une foule de variations qu'il serait oiseux d'énumérer ici. Les fleurs mâles sont disposées le long des rameaux dans l'aisselle des feuilles et elles sont souvent fort nombreuses. Les feuilles périgoniales qui enveloppent les anthéridies ne varient guère que sous le rapport du nombre. Ainsi, sur le même individu on en compte depuis huit jusqu'à quinze. Les anthéridies occupent le centre de la fleur et sont accompagnées de paraphyses nombreuses à articles courts dans la Mousse de Styrie, rares et plus longuement articulées dans celle de la Bolivie. Ces organes sont du reste conformés de la même manière dans toutes les formes énumérées, et consistent en une anthère brune, oblongue, supportée par un filament hyalin ayant au plus le quart de la longueur de l'anthère. La gaîne d'où part le pédoncule est un cône tronqué, chargé d'archégones ou de pistils et d'un nombre variable de paraphyses. Celles-ci sont rares dans la Mousse de la Bolivie, plus nombreuses dans celle de M. Unger. La longueur du pédoncule est elle-même fort peu constante : dans des échantillons du Chili cette longueur varie entre une et deux lignes sur le même individu. En général, pourtant, elle ne dépasse pas une ligne, en sorte que, pour n'être pas limitée par des extrêmes aussi prononcés, elle n'en est pas moins sujette à des variations remarquables. La capsule a une forme constante à l'état adulte; elle ne varie, comme tous les êtres organisés, qu'à ses différens âges. Ovale, plus ou moins allongée, quand elle est couverte de son opercule, elle est tronquée et comme urcéolée, lorsque celui-ci est tombé. Le péristome extérieur est sans aucun doute l'organe le plus sujet à des anomalies. Il représente dans son ensemble un cône ou une couronne, selon que dans leur connivence ses dents restent droites dès l'origine, ou forment une légère courbure à leur base avant de se rapprocher. Elles sont tantôt marquées, tantôt dépourvues de lignes longitudinales qui les parcourent depuis la base jusque vers leur partie moyenne. Un peu brunes à leur base, elles sont formées d'un seul rang de cellules transparentes au sommet. Mais une anomalie que j'ai observée dans un exemplaire de Suisse, reçu de M. Seringe, anomalie dont nul bryologiste, que je sache, ne fait mention, c'est la soudure du sommet de ces dents entre elles de manière à former une sorte de réseau permanent. Quelques échantillons m'ont encore présenté ces dents avec une apparence de *trabécules*, mais la plupart n'en portaient aucune trace. Le péristome interne, excessivement délicat, est invariablement composé de cellules linéaires, mises bout à bout. Chacune des dents de ce péristome mesure en longueur la moitié ou les deux tiers du péristome extérieur. L'opercule est enfin lui-même susceptible d'offrir quelque variation dans le même individu. Il est court, conique et droit dans les échantillons de Norwège et de Suisse (Schleicher); conique, acuminé et recourbé dans ceux du Chili et de Suisse (Seringe); enfin, souvent à la fois droit ou recourbé dans des capsules diverses de la même mousse. La coiffe ne varie que très-peu; elle est toujours étroitement appliquée sur la capsule.

CLIMACIUM DENDROIDES, Schwægr.

C. caule repente, divisionibus erectis fasciculato-ramosis, ramis simplicibus erectis, foliis ovato-lanceolatis apice serratis plicatis evanidinerviis, capsula erecta, ovato-oblonga, operculo conico rostrato.

Musci. *Hypnum dendroides*, Linn., *Sp. Pl.*, p. 1593; *Leskia dendroides*, Hedw., *Sp. Musc.*, p. 228; *Neckera dendroides*, Brid., *Musc. recent.*, II, P. 2, p. 15; *Climacium dendroides*, Schwægr., *Suppl.*, I, P. 2, p. 141, t. 81; Brid., *Bryol. univ.*, II, p. 271.

Hab. Ad truncos arborum in sylvis collium excelsorum quas incolæ *Inca* vocant, in provincia *Valle grande*, sterile lectum. Herb. Mus. Par., n.° 352.

HYPNUM MICROPHYLLUM, Swartz.

H. caule repente inordinate pinnatimque ramoso, ramis subsimplicibus teretibus erectis, apice leviter incurvis, foliis approximatis e basi late ovata concava longe subulatis excurrentinerviis, perichætialibus albo-hyalinis strictis, capsula oblonga incurvato-cernua, operculo conico obtuso.

Hypnum microphyllum, Swartz, *Fl. Ind. occ.*, III, p. 1821; Hedw., *Sp. Musc.*, p. 269, t. 69, fig. 1-4; Brid., *Bryol. univ.*, I, p. 649.

Hab. Ad cortices arborum in sylvis collinis prope S. Luciam reipublicæ Argentinæ, Junio, lectum. Herb. Mus. Par., n.° 87.

Caulis repens, filiformis, divisus, subpinnatus. *Rami* inæquales, simpliciusculi, teretes apice leviter incurvati, depressi. *Folia* approximata, minuta, semiamplexicaulia, e basi ovata vel subrotunda in acumen longum subulatum, siccitate cauli appressum, madore autem patulum recurvo-uncinatum educta, margine integerrima, nervo continuo crasso, excurrente instructa, striis duabus ultra medium evanidis notata, juniora dilute viridia, adultiora flavicantia, imo brunnea, oblongo subquadrato-areolata. *Perichætialia* alba, pellucida, stricta, lanceolata, acuminata, ut caulina, nervosa. *Pedunculus* in caule lateralis, solitarius, e vagina oblonga basi radicanti ortus, erectus, pollicaris, rubens. *Capsula* oblonga, cernua, arcuata (sed in unico specimine visa) fuscella. *Peristomia* non observata. *Operculum* conicum obtusum! *Calyptra* generis helvolo-pallida.

Obs. Il ne me reste aucun doute sur cette espèce, dont j'ai pu comparer des échantillons avec d'autres provenant de Swartz lui-même et que je dois à l'amitié de M. P. B. Webb. Je n'en ai donné une description calquée sur celle de Bridel que pour compléter celle-ci.

HYPNUM SERRULATUM, Hedw.

H. caule repente ramosiusculo, foliis laxe distichis ovato-lanceolatis serratis nervo ultra medio, capsula ovato-oblonga cernua, operculo e basi conoidea rostrato.

Hypnum serrulatum, Hedw., *Sp. Musc.*, II, p. 238, t. 60, fig. 1-4; Brid., *Bryol. univ.*, II, p. 390; Montag., *Prodr. Juan Fern. in* Ann. des sc. nat., 2.e sér., Bot., tom. IV, p. 98.

Hab. Ad cortices arborum in sylvis collinis secus flumen S. Luciæ in republica Argentina (*Corrientes*) lectum. Herb. Mus. Par., n.° 85.

HYPNUM COCHLEARIFORME, Schwægr.

H. caule elongato flexuoso repente pendulove ramoso, ramis vagis subdistichis abbreviatis teretibus obtusiusculis sæpe foliis orbatis, foliis imbricatis cordato-ovatis erecto-patentibus obtusis concavis integerrimis enerviis, capsula ovato-cylindracea erecta.

Leskea flexilis, Hedw., *Sp. Musc.*, p. 234, t. 58; *Hypnum flexile*, Hook., *Musc. exot.*, t. 110; Swartz, *Fl. Ind. occ.*, III, p. 1830; *Hypnum cochlearifolium*, Schwægr., *Suppl.*, I, P. 2, p. 221, t. 88; *Isothecium flexile*, Brid., *Bryol. univ.*, II, p. 361.

Hab. Ad truncos arborum in sylvis montosis provinciæ Yungas, inter Chupé et Yanacaché huncce muscum, sequenti immixtum et vernacule *Romevillo* dictum, sterilem legit cl. d'Orbigny. Herb. Mus. Par., n.° 207.

HYPNUM PATENS, Hook.

H. caule erecto vagè subpinnatimque ramoso, ramis compressiusculis obtusis, foliis imbricatis patenti-subsquarrosis rotundatis breviter acuminatis subintegerrimis, contortis nervo tenuissimo obsoleto.

Hypnum patens, Hook., *Musc. exot.*, t. 56; *Isothecium patens*, Brid., *Bryol. univ.*, II, p. 361.

Hab. Cum præcedente, cui mixtum et sterile invenimus.

HYPNUM TAMARISCINUM, Hedw.

Var. *delicatulum*, Brid., *Bryol. univ.*, II, p. 441; *Hypnum delicatulum*, Hedw., *Musc. Frond.*, IV, p. 87, t. 33.

Hab. In summis montibus prope *la Aguada* secus viam quæ ducit a Cochabamba ad Yuracaru, locis saxosis humidis, sterile lectum.

Observations géographiques sur les Mousses.

Sur les quarante et une espèces que je viens d'énumérer, dix étaient nouvelles et je les ai décrites. Le nombre limité des planches n'a pas permis que j'en fisse figurer plus de la moitié. Les espèces acrocarpes sont en proportion à peu près égale avec les espèces pleurocarpes; mais les Mousses à péristome simple l'emportent par le nombre sur celles à double péristome. La plupart des espèces connues sont des Mousses tropicales ou cosmopolites. Je ne dois pourtant pas omettre de faire ressortir ce fait remarquable, que des Mousses, jusqu'ici seulement européennes, ont été retrouvées par notre savant voyageur dans la Cordillère des Andes, dans des régions à peu près isothermes à celles où on les rencontre chez nous. Ainsi le *Didymodon capillaceus*,

Musci. les *Tortula revoluta* et *mucronifolia*, la *Bartramia ithyphylla*, le *Polytrichum strictum*, sont des espèces qui n'avaient guère été trouvées hors de l'Europe ou des régions boréales de l'ancien et du nouveau monde. Je dois pourtant en excepter la *Tortula revoluta*, qui fait partie de la Flore cryptogamique des îles Canaries. Ces cinq espèces, recueillies aussi dans les Andes boliviennes, l'ont été à une hauteur qui n'est pas moindre de 2,800 mètres au-dessus du niveau de la mer. L'une d'elles, le *Didymodon capillaceus*, vivait même à côté de l'*Orthotrichum psychrophilum* à une hauteur de 5,000 mètres. A part ce rapprochement entre les lignes isothermes occupées par les espèces mentionnées, il y a bien peu d'observations à ajouter à ce que j'ai dit dans l'histoire de chacune.

Ici finit la tâche que je me suis imposée. Puissé-je l'avoir remplie, comme ce serait mon plus ardent désir, de manière à mériter, sinon les suffrages, au moins l'indulgence des hommes auxquels une longue expérience a appris combien il est difficile d'éviter l'erreur.

ADDENDA ET EMENDANDA.

Page 6, ligne 1 : larga, lisez lata.

Page 11, ligne 33 : ôtez le point d'interrogation. Je me suis assuré de l'identité spécifique.

Page 22, ad *Halymeniam variegatam*, Bory, adde synon. : *Rhodomenia glaphyra*, Suhr in Flora 1839, n.° 5, p. 69, fig. 43 (sub *Halymenia*).

Page 61, ligne 15 : au lieu de Symphyogyna ? lisez Diplolæna.

INDEX GENERUM ET SPECIERUM

FLORULÆ CRYPTOGAMICÆ BOLIVIENSIS.

Achnantes pachypus, Montag. . . . . . . Pag. 1
Acropeltis, Montag. 33
Acropeltis chilensis, Montag. 34
ALGÆ, Roth. 1
Aneura pinguis, Dumort. 61
ANTHOCEROTEÆ, N. ab E. 54
Anthoceros lævis, Linn. 54
Bartramia ithyphylla, Brid. 95
— patens, Brid. 95
— potosica, Montag. 95
Biatora icterica, Montag. 41
Bryum argenteum, Linn. 93
— intricatum, Brid. 93
BYSSACEÆ, Fries. 40
Callithamnion clandestinum, Montag. . . . 15
— floccosum, Ag. 11
— gracillimum? Ag. 11
— Orbignianum, Montag. 7
— planum, Montag. 14
— Thouarsii, Montag. 9
— versicolor, Ag. 12
Calypogeia, Raddi. 75
Calypogeia peruviana, N. et M. 75
Campylopus lamellatus, Montag. 90
Ceramium diaphanum, Roth 7
— rubrum, Ag. 6
Chondria pinnatifida, Ag. 20
Cladonia aggregata, Swartz. 41
— gracilis, Fries. 41
— macilenta, Hoffm. 41
Climacium dendroides, Schwægr. 113
Cœnogonium Linkii, Ehrenb. 41
Collema bullatum, Raddi! 40
— marianum, Pers. 40
Conferva aculeata, Montag. 5
— allantoides, Montag. 3
— fascicularis, Mert. 4
— oxyclada, Montag. 5
Conomitrium, Montag 99
Conomitrium Berterii, Montag. 105
— Dillenii, Montag. 104
Conomitrium Hedwigii, Montag. . . . . Pag. 99
— Julianum, Montag. 103
Delesseria bipinnatifida, Montag. 31
— lacerata, Ag. 33
— peruviana, Montag. 32
— phylloloma, Montag. 32
— punctata, Ag. 33
Desmarestia herbacea, Lamx. 35
— peruviana, Montag. 35
Diatoma marinum, Lyngb. 2
Dicranum longisetum, Hook. 90
— megalophyllum, Raddi 90
Didymodon capillaceus, W. et M. 89
Diplolæna sinuata, M. et N. (*sub Symphyogyna*) 61
Enteromorpha intestinalis, Lk. 5
Evernia flavicans, Fr. 45
Fabronia nivalis, Montag. 107
Fimbriaria chilensis, N. et M. 52
Fissidens crispus, Montag. 97
Fossombronia pusilla, N. ab E. 61
Frullania atrata, N. ab E. 68
— cordistipula, N. ab E. 68
— hians, M. et N. 69
— mucronata, N. ab E. 68
— quillotensis, N. et M. 70
— tetraptera, N. et M. 70
Frustulia coffeæformis, Ag. 2
FUNGI, L. Juss., Fr. 47
Geaster ambiguus, Montag. 47
Griffithsia setacea, Ag. 7
Grimaldia chilensis, Lindbg. 53
— peruviana, N. et M. 53
Halymenia doryphora, Montag. 24
— furcellata, Ag., var. 23
— leiphæmia, Montag. 20
— palmata, Ag. 22
— variegata, Bory. 22
HEPATICÆ, Juss. 49
Herpeticum, N. ab E. 73
Herpetium scutigerum, N. et M. 71
— stoloniferum, N. ab E. 71

Herpetium Vincentianum, L. et L. . . . . Pag. 74
Hookeria asplenioides, Schwægr. 109
— *splendidissima*, Montag. 110
Hypnum cochleariforme, Schwægr. 115
— microphyllum, Swartz. 114
— *patens*, *Hook.* 115
— serrulatum, Hedw. 114
— tamariscinum, Hedw. 115
HYPOXYLA, *DC.* 46
Hypoxylon portentosum, Montag. 47
Iridea cordata, Bory. 24
— *laminarioides*, *Bory* 24
JUNGERMANNIEÆ, N. ab E. 60
Jungermannia capillaris, Swartz 79
— *prostrata*, *Swartz*. 79
Lejeunia axillaris, N. et M. 64
— bicolor, N. ab E. 66
— *clandestina*, *N. et M.* 65
— debilis, L. et L. 63
— filicina, M. et N. 66
— *filiformis*, N. ab E. 64
— geminiflora, N. ab E. 66
— languida, N. et M. 62
— Neesii, *Montag.* 67
— pulvinata, L. et L. 68
— serpyllifolia, Lib. 67
— *thymifolia*, N. ab E. 67
— trigona, N. et M. 64
Lentinus Berterii, Fries. 19
Leptodon *coronatus*, *Montag.* 108
Lessonia fuscescens, Bory 35
Lophocolea, N. ab E. 75
Lophocolea *connata*, N. ab E. 76
— homophylla, N. ab E. 78
— Orbigniana, N. et M. 78
Lyngbya *ferruginea*, var.? Ag. 3
Macrocystis Humboldtii, Ag. 35
Macromitrium filiforme, Schwægr. 88
MARCHANTIEÆ, N. ab E. 52
Marchantia papillata, Raddi 57
— ? plicata, N. et M. 57
Mastigophora, N. ab E. 72
Mastigophora microphylla, M. et N. 73
— trichodes, N. ab E. 73
Meloseira *hormoides*, Montag. 2
Metzgeria fucoides, M. et N. 60
— furcata, N. ab E. 60
Mnium *Auberti*, Schwægr. 94
— giganteum, Schwægr. 94
Mnium roseum, Hedw. . . . . Pag. 94
MUSCI, *Dill.*, *Linn.* 86
Neckera dendroides, Hook. 110
— pennata, Hedw. 111
— *undulata*, Hedw. 110
Nostoc commune, Vauch. 3
Orthotrichum psychrophilum, Montag. . . 89
Parmelia leucomela, Ach. 42
— perlata, Ach. 42
— speciosa, Ach. 42
Peltigera polydactyla, *Fr.* 34
Peziza scutellata, Linn. 48
Phallus indusiatus, Vent. 48
Physcomitrium Orbignianum, Montag. . . . 87
Plagiochasma chlorocarpum, Montag. . . . 59
— peruvianum, N. et M. . . . 58
Plagiochila, M. et N. 79
Plagiochila abietina, M. et N. 81
— corrugata, N. ab E. 82
— gymnocalycina, M. et N. 81
— Orbigniana, N. et M. 81
— subintegerrima, M. et N. 80
— *superba*, N. ab E. 81
— undulata var. boliviensis, N. et M. 80
Plocamium vulgare, Lamx. 24
Pohlia Gilliesii, Montag. 93
Polyporus sanguineus, Fries 19
Polysiphonia camptoclada, Montag. 19
— *dendroidea*, Montag. 16
— fastigiata, Grev. 20
— stricta ? Grev. 18
Polytrichum appressum, Schwægr. 96
— juniperinum, Hedw. 97
— strictum, Menz. 96
Preissia, N. ab E. 56
Preissia cucullata, N. et M. 56
Radula pallens, N. ab E. 71
— *xalapensis*, N. et M. 71
Ramalina membranacea, Montag. 44
— scopulorum, Ach. 44
RICCIEÆ, N. ab E. 49
Riccia ochrospora, N. et M. 49
Sargassum diversifolium, Ag. 36
Sauteria, N. ab E. 54
Sauteria alpina? N. ab E. 54
— Berteroana, Montag. 56
Sphæria *digitata*, Ehrh. 47
— hypoxylon, Ehrh. 46
— portentosa, Montag. 46

Sphærocarpus, Mich. emend. . . . . Pag. 50
Sphærocarpus Berterii, Montag. 50
— Michelii, Bell. 51
— Notarisii, Montag. 51
Sphærococcus canaliculatus, Ag. 26
— Chamissoi, Ag. 30
— Chauvini, Bory. 29
— corallinus, Bory 29
— crispus, Ag. 25
— fragilis, Ag. 27
— laciniatus, Lyngb. 28
— musciformis, Ag. 30
— plicatus, Ag. 30
— ramulosus, Mart. 31
— Teedii, Ag. 30
Sphagnum capillifolium, Ehrh. 87
— cymbifolium, Ehrh. 86
Stereocaulon ramulosum, Ach. 42
Sticta laciniata ? Ach. 43
Sticta quercizans, Ach. . . . . Pag. 42
Symphyogyna, M. et N. 61
Symphyogyna circinnata, M. et N. 61
— ? sinuata, M. et N. 61
Targionieæ, N. ab E. 52
Targionia bifurca, N. et M. 52
Thelephora aurantiaca, Pers. 48
Trichocolea tomentella, N. ab E. 72
Tortula andicola, Montag. 92
— leucocalyx, Montag. 91
— mucronifolia, Schwægr. 91
— revoluta, Schrad. 91
Ulva lactuca, Linn. 5
— — var. longissima, Montag. . . 5
— — var. palmata, Ag. 5
Usnea angulata, Ach. 45
— florida, Hoffm. 45
Zonaria dichotoma, Ag. 34
— Schrœderi, Ag. 34

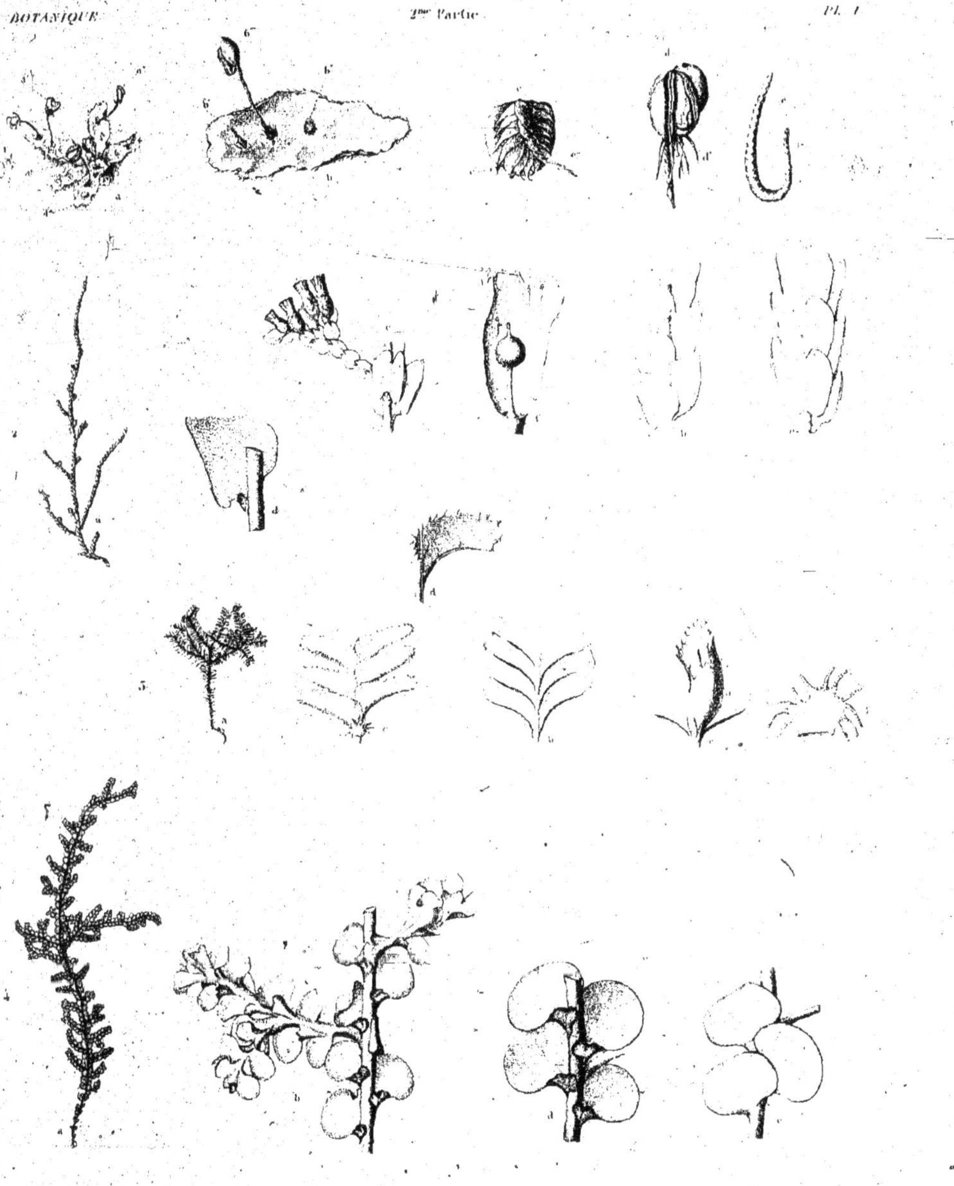

A. Riocreux del. Leneveux Éditeur. H. Legrand sculp.

1. PLAGIOCHASMA peruvianum Gott. N. 2. LEJEUNIA debilis Lind. 3. PLAGIOCHILA Orbigniana Lind.

4. RADULA xalapensis N. et. M.

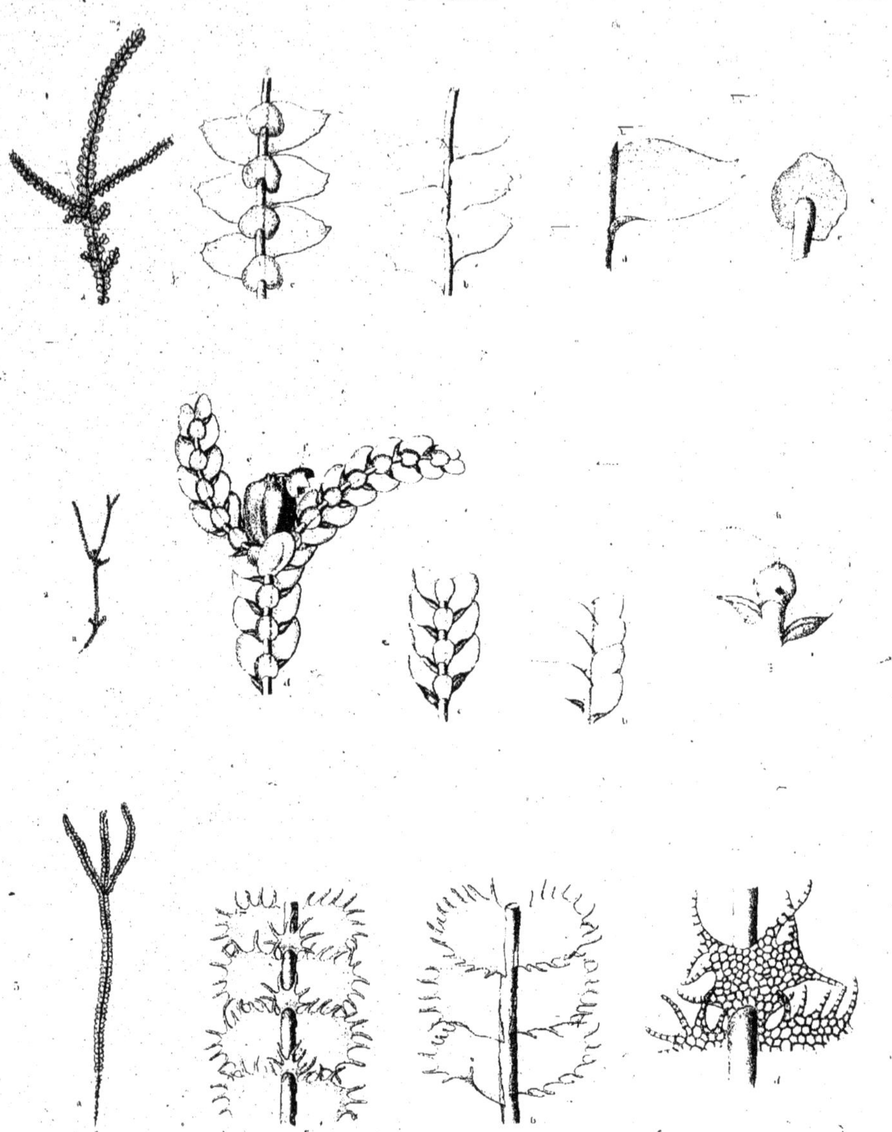

Legrand sculp.

1. LEJEUNIA languida ... 2. L. ... trigona ... 3. LOPHOCOLEA Orbigniana ...

Imp. de Langlois

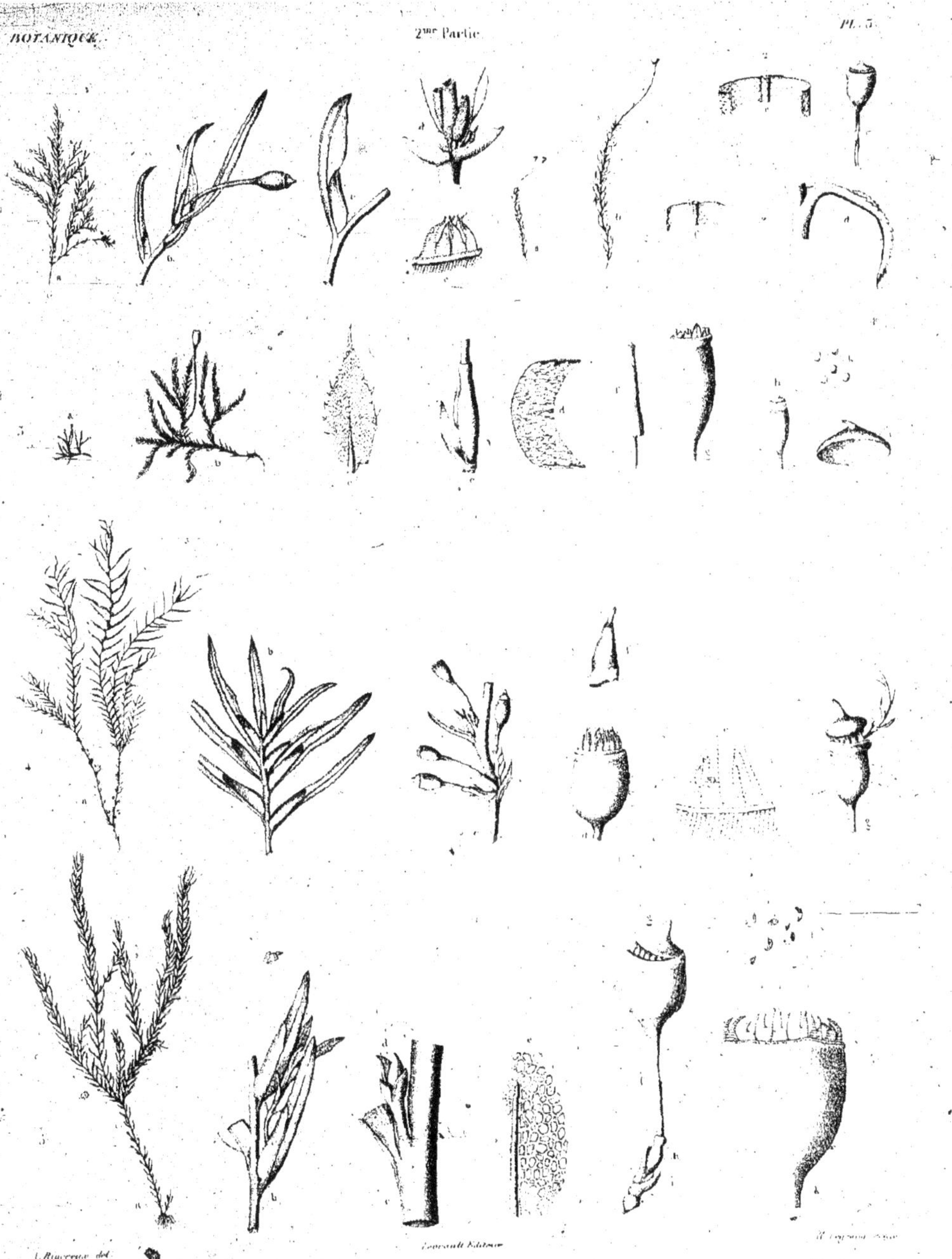

J. Riocreux del. — Bertrand Éditeur — Imp. de Langlois

1. CONOMITRIUM Hedwigii. N. 2. PHYSCOMITRIUM Orbignianum. N. 3. FABRONIA nivalis. N.
4. CONOMITRIUM Berterii. N. 5. C......... Dillenii. N.

www.ingramcontent.com/pod-product-compliance
Ingram Content Group UK Ltd.
Pitfield, Milton Keynes, MK11 3LW, UK
UKHW020338230726
13925UKWH00003B/854